ULRIKE FOKKEN

Bachgeflüster

Weitere Titel der Autorin:

Spuren lesen

Ulrike Fokken

Bach geflüster

Die geheime Welt unserer Bäche und Flüsse

QUADRIGA

Die Bastei Lübbe AG verfolgt eine nachhaltige Buchproduktion. Wir verwenden Papiere aus nachhaltiger Forstwirtschaft und verzichten darauf, Bücher einzeln in Folie zu verpacken. Wir stellen unsere Bücher in Deutschland und Europa (EU) her und arbeiten mit den Druckereien kontinuierlich an einer positiven Ökobilanz.

MIX
Papier aus verantwortungsvollen Quellen
FSC® C014496
FSC www.fsc.org

Originalausgabe

Textredaktion: Angela Kuepper, München
Umschlaggestaltung: U1berlin/Patrizia Di Stefano
Einband-/Umschlagmotiv: © Westend61 GmbH/Alamy Stock Photo
Fotos innen: © Chris Kaula, © Marco Hoffmann
Satz: two-up, Düsseldorf
Gesetzt aus der Caslon
Druck und Einband: GGP Media GmbH, Pößneck

Printed in Germany
ISBN 978-3-86995-110-2

5 4 3 2 1

Sie finden uns im Internet unter quadriga-verlag.de
Bitte beachten Sie auch: lesejury.de

Yo solo quiero caminar
Como corre la lluvia del cristal
Como corre el río hacia la mar
Lorei lorei lorei loreilo
Lorei lorei lorei loreilo
Lorei lorei lorei loreilo.

PACO DE LUCÍA

Inhalt

Leben im Fluss

Beim Paddeln singe ich manchmal »Jetzt fahrn wir übern See, übern See, jetzt fahrn wir übern …«, auch wenn ich auf einem Fluss unterwegs bin. Bei diesem alten Volkslied wird bei jeder Strophe jeweils das letzte Wort ausgelassen – in der ersten ist es der See, in der zweiten fällt das Ruder weg … Als ich Kind war, war dies meine Lieblingsstrophe, denn die Leute ruderten mit einer goldenen Gurke über den See. Gewundert habe ich mich schon über das Rudergerät, aber ich empfand die goldene Gurke wohl als einen speziellen Ausdruck aus einer anderen, märchenhaften Zeit. So wie »wriggen« oder »Kogge«. Vor dem grauen norddeutschen Himmel sah ich die Menschen jedenfalls mit einer prächtigen goldenen Gurke in einem Kahn übersetzen. Ein wenig ernüchtert war ich, als mich eine Freundin darauf aufmerksam machte, dass die Leute in dem Lied mit einer »hölzern' Wurzel« über den See gelangten. Da hatte ich mich wohl verhört. Über den Fluss meiner nordischen Heimat wäre ich weder mit goldener Gurke noch mit einer hölzernen Wurzel gelangt, denn die Elbe bei Hamburg ist dafür zu breit. Fast schon Meer. Für mich war die Elbe jahrelang der Strom auf dem Weg zur Nordsee, der Geschichten aus Amerika und der weiten Welt mitbrachte und mit jedem Schiff im Hamburger Hafen und in der Speicherstadt entlud.

Flussgeschichten gehören zu mir wie Bücher oder Lieder, die mir zu bestimmten Zeiten meines Lebens etwas gesagt und vielleicht sogar meinen Lebensweg verändert haben. So wie mir geht es wohl vielen Menschen, denn wenn ich Freundinnen und Kollegen von meinen Fluss-Recherchen für dieses Buch berichtete, sprudelte es oft aus ihnen hervor, und sie erzählten von den Flüssen und deren Geschichten, die ihre Leben begleiten. Die Ruhr. Kocher und Jagst, nur im Doppelpack. Warnow. Isar. Panke. Noch heute spüre ich ein sentimentales Sehnen, wenn ich die Elbe auf einer Brücke überquere, und sei es weit weg von der großen Elbe, stromauf bei Wittenberge, in Dessau oder Meißen. Am liebsten würde ich dann anhalten und der Elbe beim Strömen zuschauen.

Flüsse verbinden uns seit Jahrtausenden miteinander. Kreuz und quer über den Kontinent sind unsere Vorfahren auf Flüssen gereist und gewandert, bevor es Wege und Straßen gab. Als die letzten Eisschilde vor zehntausend Jahren schmolzen und das Land zu Wasser wurde, bliesen die nomadisch lebenden Menschen die Rentierfelle auf und trieben darin über Flüsse und Gewässer, ruderten vielleicht mit einer Wurzel und suchten festen Grund. Aus Fellen wurden Kajaks und Kanus, aus Einbäumen entwickelten die Europäer Nachen und Kähne, mit Flößen, Koggen und Booten ruderten, treidelten und segelten sie über die Wasserwege des Kontinents. Elbe, Rhein, Donau und die anderen großen Ströme waren im Mittelalter die wichtigsten Handelswege quer durch Europa. Auf dem Wasserweg verbanden sie die Seehäfen mit dem Land und ermöglichten es Städten wie Hamburg und Bremen, aus dem Hinterland zu einer weltweit handelnden Hansestadt aufzusteigen. Auf Havel, Weser, Emscher und den unzähligen kleinen Flüssen staksten die Menschen vom Gehöft zum Markt in der nächsten Stadt, wrickten zur Schule, ruderten zur Kirche, trieben in die weite Welt.

Flüsse prägen Kultur und Wirtschaft seit Jahrtausenden. Und genauso lange bauen und werken die Menschen an den Flüssen herum. Sie haben begradigt und kanalisiert, ausgebaggert und vertieft, umgeleitet, trockengelegt, gestaut, getunnelt. Zweihunderttausend Querbauwerke wie Wehre, Staumauern und Betonschwellen halten nun auf fünfhunderttausend Kilometern Fließstrecke die Flüsse und Bäche in Deutschland auf. Unsere Vorfahren und wir haben es kollektiv durch die Zeiten übertrieben. Den meisten Gewässern geht es miserabel. Ein Prozent der Flüsse fließt noch natürlich in Deutschland. Von den Auen mit ihrem natürlichen Reichtum an Tieren und Pflanzen hat ein Prozent überlebt. Noch zehn Prozent der Auen in Deutschland gelten als naturnah. Und dann fließen ja noch all die Dinge in die Flüsse, die unsere Art, zu leben und zu produzieren, ausscheidet. Arsen, Quecksilber, Ibuprofen, Antibiotika, Pestizide, Fungizide, Herbizide. Kein einziger Fluss in Deutschland hat eine chemisch gute Bilanz, wenn Gewässerkundler nach den Rückständen der Industriegesellschaft suchen und den Fluss auf einer ihrer Skalen bewerten. Chemie, Kanalisierungen und menschliche Wühlarbeiten zerstören das Leben in den Flüssen. Gerade noch neun Prozent sind in einem guten oder sehr guten ökologischen Zustand. Und nur zwei Prozent der erheblich verbauten Flüsse erhalten das Siegel »ökologisch guter Zustand«.

Die Zahlen haben mich erschüttert. Als hätte jemand das Lied aus meiner Kindheit umgeschrieben. »Wir leben nah am Fluss, nah am Fluss, wir leben nah am … (Stille). Wir haben nur Stein und Beton, Stein und Beton, die Natur ist nicht mehr … (Stille).« Der chemische und biologische Zustand der Flüsse ist derart alarmierend, dass Bund und Länder in Dutzenden Behörden und Flussgebiets-Arbeitsgemeinschaften sie untersuchen und bewerten. Dank der akribischen behördlichen Untersuchungen kennen wir all die unromantischen Fakten über die Sehnsuchtsorte an Bächen und Flüssen, auch ihren mangelhaften ökologischen Zustand. Von Natur aus sind Flüsse die Hotspots der Artenvielfalt. Wenn alles gut läuft, leben so viele unterschiedliche Tiere und Pflanzen in und an den Flüssen, dass die biologische Vielfalt an deutschen Ufern vergleichbar ist mit der am Amazonas oder im Okavango-Delta.

Die Flüsse gehören niemandem, also nicht in dem Sinne, wie die Wälder einem Privatmenschen, einer Stadt oder einem Bundesland gehören können. Anders ausgedrückt: Die Flüsse sind ein gemeinschaftliches Gut, das der Staat verpachtet und deren Rechte für Wasserkraftwerke, Angler, Binnenschiffer, Industrieanlagen erverkauft. Aus staatlicher Sicht stehen Flüsse von der Quelle bis zur Mündung unter totaler Kontrolle. Wohl kein Lebensraum wird in Deutschland von derart vielen Verordnungen, Normen, Gesetzen und anderen Behördenerlassen verwaltet wie die Flüsse. Und geschützt, denn unter diese Gesetzespakete fallen auch stapelweise Naturschutzgesetze, die alle gelten, aber nur bedingt befolgt werden. Die Zuständigen in den Wasserwirtschaftsämtern, Landes- und Bundesbehörden und Ministerien wissen, dass es den Flüssen in Deutschland schlecht geht. Sie wissen auch, dass sie bis 2027 den Zustand der Flüsse erheblich verbessern müssen, um die EU-Wasserrahmenrichtlinie umzusetzen. Der Klimawandel verstärkt den Handlungsdruck, wie Deutschland im Juli 2021 erlebt hat. Die Flüsse Ahr und Erft stiegen nach extremen Regenfällen an, mehr als hundertachtzig Menschen starben in den Fluten, Hunderte Häuser wurden zerstört.

Als ich mit dem Schreiben des Buches loslegte, wollte ich eigentlich nur von Eisvögeln und Fischottern, Bibern, Seeadlern, azurblauen Libellen und schillernden Bachforellen erzählen. Je mehr ich recherchierte, je tiefer ich in die Flüsse eintauchte, desto klarer wurde mir, dass die faszinierenden Tiere und die Pflanzenwelten in und an den Flüssen wie auch der ökologische Zustand nur eine Uferseite der Flussgeschichten sind. Ein Wunder passiert auf der anderen Seite vieler Flussufer. Menschen arbeiten daran, dass die Flüsse wieder fließen und es Tieren, Pflanzen und Myriaden an Mikrolebewesen darin wieder besser geht. Flussfreunde aus Behörden, Wasserwirtschaftsämtern und Naturschutzverbänden bauen die Ufer um, holen Dämme und Staumauern aus den Flüssen und stärken die Ökosysteme in und am Wasser. Das Faszinierende ist, dass viele der Bewohner zurückkommen, wenn die Flüsse wieder frei fließen und weniger Schmutz hineinläuft.

Zahlreiche Bäche und Flüsse in Deutschland erzählen daher auch eine Geschichte vom Umdenken. Und auch davon handelt dieses Buch.

Mit jedem Fluss erzähle ich eine Geschichte aus seiner Natur, von den Menschen und Tieren an seinen Ufern. Bäche kommen in diesem Buch als wichtige Zuflüsse vor. Aber sie sind zu schmal und zu klein, um die große Erzählung von der neuen Natur und Freiheit der Flüsse zu erzählen. Das Schöne am Bach ist, dass man mit einem großen Schritt oder Sprung gerade noch hinüberkommt. Manchmal mit nassen Füßen, aber ohne Gegurke.

Kapitel 1

Die Harmonie liegt in der Veränderung

Das erste Springkraut entdecke ich nach dem großen Juli-Hochwasser in einer sandigen Kurve der Loisach im Süden Bayerns. Der von tagelangen Regenfällen angeschwollene Fluss hatte mit voller Wucht die Uferböschung um rund eineinhalb Meter abgefräst. Wo vor ein paar Tagen noch Wald wuchs, leuchtet nun eine Sandbank. Und mitten darauf wächst still ein Drüsiges Springkraut; die magentafarbenen Blüten heben sich von den über die Loisach hängenden und mit Moos bewachsenen Waldbodenplatten ab. Beim nächsten Hochwasser wird der Fluss sie mitreißen. Das Springkraut nicht. Das ist mit der Loisach aus Tirol gekommen, um zu bleiben. »Nicht in meiner Flussschleife!«, sage ich zu den wippenden Blüten, fasse den Stiel ganz unten im nassen Sand, rüttle, ziehe und sehe den Dreizack, mit dem sich das ansonsten so zart wirkende Gewächs in den Boden krallt. Ich krame eine Plastiktüte aus der Jackentasche und stopfe die klebrige Pflanze hinein. Ein Springkraut kommt selten allein. Ich sehe mich zwischen dem flachen Grünzeug am Ufer um und erkenne hier und dort noch einen der fingerhohen Sämlinge, alle mit Mini-Dreizack im Sand verankert, wie ich beim Rausziehen bemerke.

Flüsse vernetzen Lebensräume miteinander. Biber erkunden gegen den Strom neue Gebiete, so wie unsere Vorfahren vor hundertzwanzigtausend Jahren von den Flusstälern aus Europa entdeckt und später Nordamerika besiedelt haben. Flüsse verbinden die Gletscher im Hochgebirge mit den Wiesen im flachen Vorland, die Quellen in den wilden Wäldern mit der Stadt, die einst am Ufer entstand, weil Menschen am Wasser siedeln wollten. Insektenlarven und unbewegliche Muscheln strömen im Fluss an ihren Platz. Pflanzensamen reisen im Wasser, auch solche, die niemand will, wie das Drüsige oder Indische Springkraut *(Impatiens glandulifera)*. Die Pflanze wächst von Natur aus im westlichen Himalaya in Indien und Pakistan und wurde von englischen Gartenfreunden im neunzehnten Jahrhundert als Zierpflanze nach Europa gebracht. Mit dem Wasser der Flüsse verbreiten sich die Samenkapseln mittlerweile ganz allein in den Alpentälern, lassen sich im Sand und Kies aufgerissener Ufer nieder, warten auf Licht und Sonne, keimen. Die schnell wachsende Pflanze überwuchert Ufer, so wie entlang der Isar in München, und manche Auwälder in den Alpen. Zwei bis drei Meter hoch wächst das Drüsige Springkraut und steht dicht an dicht, wenn die Pflanzen einmal einen Platz erobert haben. Dort beschatten sie den Boden und verhindern, dass niedrig wachsende Kräuter oder auch Baumsämlinge Licht bekommen und eine Chance haben, zu gedeihen. Mit dem Schatten verdrängt das Springkraut auch Schlangen oder Eidechsen, die sich an sonnigen Ufern wärmen. Biologen bezeichnen das Drüsige Springkraut daher als invasiven Neophyten, der das Ökosystem an den Flüssen stört.

In den Alpen haben die Pflanzenkundigen rund fünfhundert Pflanzenarten gezählt, die von Natur aus dort nicht vorkommen, sondern aus Tibet, China, Indien, Nordamerika stammen. Die Neophyten machen mittlerweile zehn Prozent der Pflanzen in den Alpen aus. In der Loisachschleife hinter meinem Haus hat sich schon vor ein paar Jahren der Riesen-Bärenklau *(Heracleum mantegazzianum)* eine Schotterbank erobert und bildet dort im Sommer einen undurchdringlichen Wald aus drei, vier Meter hohen und etwas urzeitlich anmutenden Pflanzen. Die weißen, autoreifengroßen Blütendolden leuchten am dunklen Ufer, wenn die Sonne hinter dem Berg steht, und allein ihre Größe macht vollkommen klar, dass sie nie wieder gehen werden.

An der Loisach zwischen dem Fundort und der rund fünfzehn Kilometer entfernten Quelle im Wald beim Fernpass in Tirol waren mir bislang keine Drüsigen Springkräuter aufgefallen. Aber das muss nichts heißen, denn die Pflanzen schleudern die Samenkapseln mehrere Meter weit. Und dann läuft ein Mensch darüber, trägt die Samen in den Sohlen seiner Wanderschuhe ins Bachbett und verbreitet das Drüsige Springkraut von einem Parkplatz am Fernpass in die wilde, gerade aus den blubbernden Quellen im Waldboden entsprungene Loisach.

Flüsse zeigen uns, dass alles Leben zusammenhängt. Ökosysteme sind auf eine vielfältige Weise miteinander verbunden, die unsere Vorstellungen von der Natur übersteigt. Das Miteinander von Tieren, Pilzen, Bakterien im Boden eines Waldes ist so vielgestaltig, dass kein Ökologe und keine Biologin ernsthaft sagen könnten, wie genau die Myriaden von Lebensformen dort zusammenleben und was es für den Wald bedeutet, wenn ein paar von ihnen fehlen. Vermutlich kennen Wissenschaftlerinnen und Wissenschaftler sie noch nicht einmal. Auf dem Grund der Flüsse, im von Wasser durchspülten Sand, zwischen den Kieseln und Steinen leben die meisten Tiere, Pflanzen, Bakterien und anderen Mikroorganismen. Fünfundneunzig Prozent der Biomasse in einem Fluss findet sich im Sediment. Bachflohkrebse, Wassermilben, Strudelwürmer zerkleinern Pflanzenteile und Aas, Bakterien bilden einen Biofilm in den Nischen zwischen den Steinchen und filtern das Flusswasser, bevor es ins Grundwasser fließt. Da unten, wo der Fluss in die Trinkwasserspeicher läuft und das Grundwasser den Fluss mit sauberem Wasser versorgt, sprudelt das Leben, und wir merken nichts von dem allgegenwärtigen Wunder.

Meistens betrachten wir Flüsse als eine Menge Wasser, das fast immer gerade, manchmal geschlängelt, mal breiter, mal schmaler durch die Landschaft fließt. Wir schauen auf den Fluss, als wären Wasser und Erde voneinander getrennt. Doch Fluss und Aue, Wasser und Land bedingen und beeinflussen sich gegenseitig. Am Ufer ziehen die Flüsse die Pflanzengesellschaften an, die in bestimmten Höhenlagen und an den jeweiligen Flusskilometern genau die für sie passenden Lebensbedingungen finden – mit Gischt und Flutmulden, hohem Grundwasserstand im ewig matschigen Boden oder trocken-heißen Schotterbänken wie in den Alpen, angeschwemmtem Pflanzenmaterial und Steinen, steilen Ufern oder weiten Auslaufflächen in Wiesen und Wäldern. Bäume, Sträucher und Kräuter in der Aue stehen mit den Bächen und Flüssen in lebendigem Austausch und prägen den Fluss und seine Bewohner ebenso, wie der Fluss die Aue und die dort lebenden Pflanzen und Tiere prägt. Auch die Wasserqualität hängt von der Aue und dem Ufer ab, denn der Boden und die darin lebenden Mikroorganismen, die Springschwänze, Wimperntierchen und anderen Kleinstlebewesen, reinigen das Regenwasser, bevor es in den Fluss fließt. Die Aue filtert das verschmutzte Wasser, wenn es vom Land nach schweren Regenfällen heranrauscht. Bei Hochwasser lässt die Aue den Fluss zur Ruhe kommen, das schlammige Wasser kann in der Aue stehen, und die Schmutzpartikel können sich absetzen. Nur ein Prozent der natürlichen Auen mit ihren typischen Pflanzengesellschaften hat die Begradigungen, Besiedlungen und Beackerungen in Deutschland überlebt. Ein Prozent natürliche Auwälder.

Eine Aue ist der Bereich, der von einem Fluss in regelmäßigen Hochwassern immer wieder überspült wird. Vor der menschlichen Nutzung traten alle Flüsse Jahr für Jahr über die Ufer. Heute können Flüsse nur noch dreißig Prozent der Auen fluten, da alle anderen Gebiete verbaut sind oder Spundwände das Wasser im Fluss halten – es sei denn, das Hochwasser steigt höher als die künstlichen Mauern.

Das Wort »Aue« bedeutet nicht, dass es dort natürlich zuginge. Die meisten noch vorhandenen Flutungsflächen in den Auen werden landwirtschaftlich genutzt. Deswegen sind nur zehn Prozent der Auen in einem guten ökologischen Zustand. Und nur ein Prozent ist natürlich – also so, wie sie einmal von Natur aus entstanden ist. Unverändert, wild, von Menschen nicht beeinflusst.

Ufer hat jeder Fluss, der nicht zwischen Staumauern und Spundwänden fließt. Vom natürlichen Ufer gelangen Blätter, Zweige, Samenkapseln hinein und bilden den pflanzlichen Untergrund, den Steinfliegen fressen und an dem Libellen ihre Eier ablegen. Käfer, Raupen, Spinnen und anderes Getier fallen von den Bäumen ins Wasser und sind ein gefundenes Fressen für Groppen, Bachforellen und Äschen. Das Ufer, an einigen Stellen nicht mehr als ein schmaler Streifen entlang des Flusses, entscheidet über Leben und Gedeihen im Ökosystem Fluss. »Die Bedeutung der Uferzonen geht weit über ihre geringe Größe hinaus, da sie an der Grenze zwischen den Ökosystemen im Wasser und an Land liegen«, schreibt Gewässerökologe Francis J. Burdon von der Universität Uppsala. »Uferzonen sind wichtige Lebensräume, um die biologische Vielfalt zu erhalten und Ökosystemdienstleistungen zu erbringen wie Wasserreinigung oder Kohlenstoffspeicherungen.«

Mühlradgroße Wurzelstöcke auf den Wellen

Ich liebe die Loisach. Oft sitze ich auf dem Waldboden am Ufer, vom Wasser umtost, schaue auf den bewaldeten Berghang gegenüber, gucke in den Fluss oder auf den modernden Stamm in dem stillen Seitenarm zwischen dem Waldrand und einer schon versandeten Schotterbank.

Ein Mäusebussard streicht am Himmel vorbei, eine Radnetzspinne baut an ihrem Netz zwischen zwei armdicken Fichtenstämmen, der Schwarzspecht ruft gellend, seine Partnerin antwortet vom gegenüberliegenden Ufer. Eine Wasseramsel sitzt auf einem Stein im Wasser und putzt sich. Eines Morgens sprang ein Baummarder vorbei und setzte über den sich neigenden Stamm einer Schwarzerle über die Loisach. Oft aber passiert nichts. Nur das Wasser rauscht und gurgelt und schafft den Sound der Wildnis mitten in Europa. »Bayerisch Alaska« nenne ich das Tal der Neidernach, die hinter der nächsten Flussbiegung aus einem Seitental in die Loisach fließt. In weiten Kurven windet sich das fünfzig, sechzig, an manchen Stellen hundert Meter breite Flusstal unterhalb der zweitausend Meter hohen Alpenzüge von Frieder und Schellschlicht hinab, im Süden erhebt sich der 2340 Meter hohe Daniel wie der Paramount-Berg im Kinovorspann. In Wahrheit wurde dafür der Alpamayo der peruanischen Andenkette Cordillera Blanca gefilmt, einer der schönsten Berge der Welt, heißt es. Der Daniel neben dem Zugspitzmassiv aber gehört für mich mindestens zu den schönsten Bergen der Alpen.

Die Neidernach pendelt durch das geröllige Flussbett, höhlt mal das rechte Ufer aus, sodass zwanzig Meter hohe Rotbuchen über den rauschenden Fluss stürzen, mal knallen die Wasser an das linke Ufer, verzweigen sich, und der Fluss fließt am Ende einer Ansammlung von kopf- und faustgroßen, rund geschliffenen Steinen zusammen. Die Neidernach ist einer der letzten von der Industrie fast unbehelligten Wildflüsse der Bayerischen Alpen, wenn ich das 2019 industriell ausgebaute Kieswerk am österreichischen Ufer kurz vor der Mündung in die Loisach nicht mitzähle. Aber die Neidernach wird nicht gestaut oder für eine Anlage der kleinen Wasserkraft abgeleitet, und so rauscht die natürliche Wassermenge in weiten Kurven zu Tal und formt die Landschaft. Verzweigt läuft sie in ihrem breiten, von Steinen und Kieseln übersäten Flussbett, so wie die Alpenflüsse seit Jahrtausenden ins Tal strömen. Auf dem

Weg schafft der Fluss eine Ökologie von Störung und Aufbau, in der die Harmonie in der Veränderung liegt.

Der Pegel steigt nach jedem Niederschlag. Wenn es ein, zwei Tage lang ohne Unterlass regnet, breitet sich der Fluss im Geröllbett aus und umspült die schlanken Fichten, Kiefern und Schwarzerlen am lehmig-kieseligen Ufer, bevor das Hochufer mit Rotbuchen und Bergahorn in der eiszeitlichen Aue beginnt.

Im Frühjahr 2019 regnete es drei, vier, fünf Tage, und täglich stieg der Pegel an, bis der Fluss den sechzig bis hundert Meter breiten Talboden ausfüllte und mit kaltem Gischthauch bergab rauschte. Ganze Kiefern sausten plötzlich in den olivbraunen Fluten an mir vorbei, mühlradgroße Wurzelstöcke, die jahrelang am Ufer gelegen hatten, schaukelten auf den Wellen. Kälte stieg vom Wasser auf, und das Donnern und Tosen schallte durch das Tal. Kurz vor der Mündung in die Loisach hatte sich in den vorhergehenden zwanzig Jahren ein Biotop aus Lavendelweidengebüschen auf einer Schotterbank gebildet, unter denen ich im Sommer gern im Schatten lag. Die Neidernach floss mindestens zwanzig Jahre am rechten Ufer entlang eines Fichtenwaldes, bevor sie in die von Westen heranrauschende Loisach schoss. Nachdem das Hochwasser Ende Mai 2019 abgeflossen war, hatte sich der kleine Fluss dreihundert Meter weiter zum linken Ufer hin ein neues Bett gegraben. Seitdem prallt er an die Kante einer knapp zwei Meter hohen Schotterbank, die er in früheren Jahrhunderten oder Jahrtausenden dort zusammengeschoben hat. Im Lauf der Zeit hat sich eine dünne Humusschicht auf dem Lehm und den darunter geschichteten Steinen gebildet, und ein für den Kies- und Schotteruntergrund typischer Schneeheiden-Kiefernwald ist entstanden. Jedes Frühjahr ab Mai blühen Alpen-Enziane in sattem Blau zwischen der dann meist verblühten Schneeheide und den aufschießenden Gräsern. Die Neidernach umfließt die ehemals nur von den Lavendelweidengebüschen bewachsene Schotterbank seit jenem Frühjahrshochwasser in einer weiten Kurve und trennt sie vom ehemaligen Landzugang, sodass sie seitdem wie eine Insel zwischen Neidernach und Loisach liegt.

Alpenflüsse, beständig in Veränderung

Die Alpen falteten sich vor rund zwanzig Millionen Jahren aus einem damals existierenden Meer auf, das die Geologen Tethys nennen. Die Afrikanische Platte hatte so lange gegen die Europäische Platte gedrückt, bis diese sich aufstellte. Das Wasser suchte sich entlang der so entstandenen Berge und Täler seinen Weg. Die geologischen Formationen beeinflussten die Flusssysteme, die sich in den vergangenen Jahrmillionen nach den mehrfachen Eiszeiten regelmäßig einen anderen Weg suchten. Die Alpenflüsse sind erdgeschichtlich die Konstanten der Veränderung. Ihre Fließrichtungen wechselten mehrfach von West nach Ost und umgekehrt, ebenso ihr Weg ins Meer, wenngleich auch die Ur-Meere nicht so waren, wie wir sie heutzutage kennen. Vor zehn bis dreizehn Millionen Jahren flossen alle Alpenflüsse in eine Art Ur-Donau, die jedoch in den östlichen Alpen entsprang, durch das heutige Bayern entlang der Alpen-Nordseite gen Westen strömte, alles Wasser aus den Nordalpen aufnahm, westlich der heutigen Schweiz durch das heutige Frankreich verlief und ins Mittelmeer mündete. In unseren Zeiten fließt die Donau gen Osten und mündet im Schwarzen Meer. Vor fünf Millionen Jahren floss auch der Rhein in die Donau und mit dem großen Strom ins westliche Mittelmeer, nicht wie heutzutage aus den Alpen kommend durch den Bodensee und dann nordwärts durch Mitteleuropa zur niederländischen Nordseeküste.

An den Wasserscheiden in den Alpen entscheidet sich, ob die

Flüsse nach Süden durch einen der großen Seen wie den Lago Maggiore fließen und mit dem italienischen Po in die Adria im östlichen Mittelmeer münden oder ob sie – immer noch gen Süden – sich mit anderen Flüssen vereinen und dann mit der französischen Rhone in das westliche Mittelmeer münden. Die gen Norden strömenden Flüsse enden im einundzwanzigsten Jahrhundert über die Donau im Schwarzen Meer und mit dem Rhein in der Nordsee. Die Flüsse aus den zu Deutschland gehörenden Alpen fließen nach Norden – »Isar, Amper, Iller, Lech und Inn fließen nach der Donau hin«, lernen bayerische Schulkinder in fröhlichem Singsang –, doch das war in den vergangenen Jahrmillionen nicht immer so und muss auch nicht bis in alle Zeiten so bleiben. Beständig ist nur die Veränderung der Alpenflüsse.

Da die tektonischen Platten vor mehreren Millionen Jahren in Bewegung blieben, hoben sich die Alpen, und durch die Erosion entstanden neue Flüsse und neue Flussbetten. Der Grundverlauf der Täler entstand zwar zu Beginn der großen Faltung vor zwanzig Millionen Jahren. Doch die Täler, wie wir sie heute erleben, bildeten sich in mehreren Eiszeiten und Vergletscherungen im Laufe der vergangenen 2,5 Millionen Jahre. Um eine lange Geschichte kurz zu machen: Verdunstetes Wasser aus dem Meer stieg auf und gefror, Gletscher bildeten sich, schmolzen, froren wieder und vereisten weite Teile der Alpen. Das Eis sprengte das Gestein und zerkleinerte Felsen zu Geröll. Die Gesteinsbrocken wanderten mit den Gletschern in die Tiefe. Die Gletscher schoben das Gestein bis weit ins Flachland, weshalb Schotterbänke noch heute die Isar-Ufer in München prägen. In den Alpen türmte sich mit jedem Schmelzen und jedem Schwall mehr Gestein in den Tälern, schichtete sich, erodierte, lagerte sich um, wurde vom Wasser geschoben und formte im Lauf der Jahrtausende Terrassen entlang der einstigen Urtäler. Über mehrere Millionen Jahre waren die Alpen ein großer Klumpen aus Stein und Eis, manchmal angetaut und unter den Gletschern wässrig, bis eine Eiszeit für weitere hunderttausend Jahre alles gefror. Innen knirschte und malmte es, die Gletscherzungen schürften am Rande des Gletschers Kuhlen, in denen nach dem Ende der Eiszeit das Schmelzwasser floss, sich sammelte, und Seen wie der Chiemsee entstanden. Und dann, vor rund 11 800 Jahren, wurde es warm. In den Alpen endete die Würmeiszeit, benannt nach dem Fluss Würm, aus dem der Starnberger See abfließt, welcher deshalb bis in die 1960er-Jahre Würmsee hieß, wie traditionelle Bayern noch heute sagen. Die Würm mündet nach rund vierzig Kilometern in die Amper und somit in die Donau und ins Schwarze Meer. Übrigens: In anderen Regionen Europas ist diese letzte Eiszeit nach der Weichsel als Weichseleiszeit benannt.

Erdgeschichtlich war die Entstehung der Alpen und ihrer Flüsse gestern, doch kennen wir heute in Mitteleuropa Lebenden keine andere Zeit und kein anderes Klima als das gemäßigte, ausgewogene des Holozäns nach der letzten Eiszeit. Das Eis schmolz, Wasser floss aus den schmelzenden Gletschern, und die Bäche und Flüsse der Alpen begannen zu leben.

Die Ökologie des Wandels

Heute bilden diese Flüsse einzigartige Schotterbiotope und Kieslebensgemeinschaften. Manchmal wirken sie lebensfeindlich, vor allem wenn sie im Winter oder auch in manchen Sommern zu einem Rinnsal schrumpfen oder ganz versiegen und dann nur Steine sich im Tal ausbreiten. Doch selbst mit Wasser im Bett ziehen sich die breiten Schotterbänke zur Linken und Rechten trocken und im Sommer wüstenartig heiß durch das Tal der Flüsse wie der Neidernach oder der Isar. Genau an solche harschen Verhältnisse haben sich bestimmte Arten von Insekten, Vögeln, Sträuchern, Bäumen und Kräutern angepasst. Im Winter liegen die Pflanzen unter einer meterhohen Schneedecke, im langen Frühjahr stecken sie im Tauwasser und Eis, im Sommer überleben sie in fünfzig Grad Celsius heißen Nischen zwischen den Steinen und kommen nach tagelangen Regenfällen mit der Überflutung ihres Lebensraums zurecht. Wolfsspinnen, Weberknechte, Lauf- und Kurzflügelkäfer, Zikaden und Schrecken haben Strategien des Lebens auf den Schotterinseln und Sandflächen entwickelt. Eine Meisterin der Anpassung ist die Gefleckte Schnarrschrecke *(Bryodemella tuberculata)*, die vor einem Hochwasser einen Halm am Ufer erklimmt. Sie erinnert an eine Heuschrecke, ist allerdings nur halb so lang wie ein kleiner Finger und mit ihrer grau-blau-beigefarbenen Musterung optisch perfekt an die Kiesbänke der Alpenflüsse angepasst. Zum Überleben ist sie auf die sehr lückenhaft und erst mit knöchel- oder kniehohen Weiden bewachsenen Kiesbänke angewiesen, die vor kurzer Zeit entstanden sind. Die Gefleckte Schnarrschrecke fliegt nicht weit und breitet sich daher nur sehr schwer entlang ihres Flusses aus, wenn ein Hochwasser mal wieder eine Schotterbank gebildet hat. Bevor Wasserkraftwerke das Wasser aus den Alpenflüssen entwendet haben, lebten die Gefleckten Schnarrschrecken sogar in München, Augsburg und in anderen Städten im Alpenvorland. Am Lech sind sie nun ab Füssen ausgestorben, an der Isar findet man sie nur noch im Tal der Oberen Isar, bevor der Sylvensteinspeicher den Wildfluss staut. An Loisach und Neidernach habe ich in den vergangenen Sommern welche beobachtet, und sicher gibt es noch hier und dort Restlebensgemeinschaften dieser Spezialistinnen für die Veränderung an einem natürlichen Fluss der Alpen.

Immer wieder fallen die Spinnen auf, die auf Kies und Schotterbänken mit fliegenden Beinen laufen. Manche sind schwarz und samt Beinen so groß wie ein Centstück, andere gerade so groß wie eine Bleistiftspitze. Zahlreiche Spinnenarten sind noch immer eng an den Lebensraum Wasser gebunden, aus dem sie urgeschichtlich wie alle Lebewesen stammen. Unter Brücken sieht man das sehr schön, wenn die Brückenkreuzspinnen einem aus fahrigen Netzen ins Boot zu fallen drohen. Auf einem sandigen und schon bewachsenen Ufer der Neidernach habe ich die Wohnhöhle einer Wolfsspinne entdeckt und eine Zeit lang beobachtet, ob sie wohl mal rausguckt. Unter den Kiefern, zwischen Purpurweiden und an den Schilfstängeln entdecke ich immer wieder kleine und große Spinnen, mal mit Netz, mal frei in den Zweigen turnend. Der Biologe Christian Komposch von der Universität Graz in Österreich hat die Spinnen und Insekten auf den Schotterbänken an österreichischen Flüssen der Alpen untersucht. Sehr viele der von ihm gefundenen Arten leben seit der letzten Eiszeit in kleinen, sehr abgesteckten Gebieten. Sie sind endemisch, das heißt, sie kommen ausschließlich dort in einem Alpental, einem Höhlensystem, einem Gebirgsmassiv und an den Flüssen vor. »Diese Endemiten sind der exklusive Beitrag der Alpenländer zur globalen Artenvielfalt und folglich von hoher naturschutzfachlicher Bedeutung«, schreibt Komposch. Er ist hochbesorgt, dass die an die Ufer angepassten Wolfsspinnenarten, aber auch Riesenweberknechte die weitere wasserwirtschaftliche Nutzung für Kraftwerke, Tourismus, Straßenbau und was dem Menschen sonst noch einfällt, nicht überleben werden.

Auf dem Kies, Sand, Schotter tobt das Leben. Und deswegen ist es so wichtig, dass wir uns ganz behutsam auf den Uferstreifen bewegen und die meisten Schotterbänke in Ruhe lassen. Behutsam heißt auch, keine Steine zu Türmen zu stapeln. Derartige Stein-Graffiti werden in US-amerikanischen Nationalparks mit Bußgeldern bestraft. Ich drehe deswegen keine Steine und Kiesel um, um Spinnen, Käfer, Larven, Schrecken und Zikaden nicht zu stören. Ich habe auch gar nicht erst versucht, die Bewohner der Lücken zwischen Kieselsteinchen und Sandkörnern ausfindig zu machen. »Lückenraumbewohner« heißen die Tierchen, sehr viele von ihnen gehören zu unterschiedlichen Gattungen der Kurzflügelkäfer. Oberirdisch treffe ich bei meinen Exkursionen auf den Knien immer mal wieder einen schlanken mattschwarzen Käfer mit zwei roten Punkten auf dem Rücken. Mühsam scheint er sich mit langen dünnen Beinen voranzubringen, eilig hat er es jedenfalls nicht. Einen deutschen Namen konnte ich für *Stenus longipes* nicht finden und frage mich, warum er nicht »Klebzungen-Käfer« genannt wird. Denn bei Christian Komposch lese ich, dass *Stenus longipes* eine Klebzunge hat, mit der er »einem Chamäleon gleich auf die Jagd nach Kleininsekten geht«.

Insekten und Spinnen bilden an den Alpenflüssen ebenso wie in allen anderen Land-Ökosystemen die größte Gruppe an Tierarten. In den einzigartigen Biotopen der Alpen nutzen Biologen und Ökologinnen sie, die ökologische Qualität der Flüsse und Bäche zu bestimmen. Viele Spinnen- und Insektenarten sind Zeigerarten für einen bestimmten Lebensraum wie das sandige Ufer oder die Schotterbank. Zu den Zeigerarten zählen aber auch solche Tiere, die wir leichter sehen und beobachten können als den räuberischen Handläufer-Käfer. Denn was wäre ein Fluss ohne den Flussuferläufer? Ohne den Flussregenpfeifer? Die beiden Vögel leben von Spinnen, Insekten und auch mal einem Wurm. Der Flussuferläufer *(Actitis hypoleucos)* kommt aus seinem Winterquartier in Südafrika, Andalusien oder einem Land dazwischen angeflogen und baut sein Nest auf einem schon leicht bewachsenen Sandufer. Für eine Brut braucht ein Flussuferläufer-Paar einen Kilometer natürlichen Flusslauf mit Schotter- und Sandbänken. Das hört sich nach gar nicht so viel an, ist jedoch im Hauptbrutgebiet der Flussuferläufer nicht mehr leicht zu finden. Und haben sie es gefunden, rasten

Kanufahrer auf der Kiesbank, Gleitschirmspringer landen plötzlich wie urzeitliche Raubvögel in ihrem Habitat, Hunde und ihre Besitzer toben vorbei und stören die brütenden Vögel. Dann fliegen sie rasend schnell und laut rufend davon, und die Eier drohen auszukühlen. Flussuferläufer und Flussregenpfeifer *(Charadrius dubius)* stehen auf der Roten Liste der bedrohten Vogelarten in den Alpen.

Da zahlreiche Tiere und Pflanzen sich im Lauf der Evolution an die wechselhaften Bedingungen an einem Alpenfluss angepasst haben, können viele von ihnen nur genau dort leben. Insekten können auch nicht einfach ein paar Kilometer weiterlaufen oder -fliegen und sich einen Baggersee in einer Kiesgrube suchen, wie notfalls die Flussuferläufer. Mit Uferbefestigungen, Beton im Flussbett oder den menschlich regulierten Wasserständen in den Flüssen mit Wasserkraftwerken kommen die an den Wandel angepassten Tiere und Pflanzen schlecht zurecht. Sehr oft schaffen sie es gar nicht, und die Art verschwindet.

Und auch Pflanzen haben zu kämpfen. Auf einer der Schotterhalden in einem Zufluss der Neidernach wachsen die letzten Alpen-Knorpellattiche in den Nordalpen. Die Knorpelsalat-Gesellschaften mit spitteligen Stängeln, zarten Blättern und gelben Blüten sind die ersten Pflanzen, die eine Schotterbank nach einem Hochwasser besiedeln. Sie kommen zusammen mit Lavendelweiden und den mittlerweile genauso seltenen Tamarisken vor. Weidenröschen-Gesellschaften, Deutsche Tamariske, Knorpelsalat-Gesellschaften, Zwergrohrkolben-Röhrichte und eine ganze Reihe anderer Gewächse haben sich so hervorragend an die ökologische Nische der sich permanent verändernden Alpenflüsse angepasst, dass sie starre Verhältnisse von Begradigungen, Beton und vor allem die Stauungen für die Wasserkraftwerke nicht überleben. Sie sind Spezialisten und keine Generalisten wie Brennnesseln oder das Drüsige Springkraut, die überall keimen und wachsen. Die invasiven neuen Pflanzenarten bedrohen ebenfalls die an die Alpenflüsse angepassten Pflanzen. Und auch die Klimakatastrophe macht Flora und Fauna zu schaffen, da es heißer und trockener wird und die Flüsse weniger Wasser führen.

Unter Forellen

Eine Bachforelle steht hinter einem Felsen in der Strömung der Loisach, unbeweglich, wie es scheint, nur ein leichtes Zittern der Schwanzflosse verrät die Anspannung. Die Loisach rauscht mit vollem Alpengefälle nur einen Schwimmzug von ihr entfernt vorbei. Beschattet von den Schwarzerlen am Ufer, von Felsen geschützt und dennoch mit kaltem, sauerstoffhaltigem Wasser versorgt, hat die Bachforelle *(Salmo trutta fario)* in dieser Kurve des Flusses einen idealen Ort gefunden. Jedes Mal, wenn ich sie dort sehe, versuche ich, unerkannt an ihr vorbeizukommen. Ich trete sanft auf und begebe mich nicht zu dicht an das Ufer, damit mein Schatten nicht aufs Wasser fällt und die Forelle in die Flucht treibt. Als wollte ich an einem auf dem Boden pickenden Rotkehlchen unbemerkt vorbeigehen, schleiche ich entlang des Ufers, die Forelle im Augenwinkel. Bachforellen leben territorial, sie wandern also nicht den Fluss hinauf und herunter, sondern bewegen sich in ihrem Revier, das sie gegen Eindringlinge verteidigen. Als Art gehören Forellen dennoch zu den Wanderfischarten in der Familie der Lachsartigen *(Salmonidae)*, doch wandern nur die Seeforellen und die Meerforellen als junge Fische aus den Flüssen ihrer Geburt und dann ein paar Jahre später wieder dorthin zurück, um zu laichen. Wissenschaftler haben schon markierte Forellen aus der Mosel in norwegischen Fjorden entdeckt. Eine genetische Voreinstellung bringt die Forellen dazu, auf eine große Wanderschaft zu gehen und dann als Süßwasserfisch im Salzwasser zu leben. Die Gene ermöglichen es den Seeforellen, statt in den schnell fließenden, kalten Alpenflüssen in einem der ruhigen Alpenseen zu leben. Auch die Seeforellen schlüpfen aus Eiern im Kiesbett eines Baches oder am Oberlauf eines Flusses, sind also durchaus an die rauschenden Flüsse des Hochgebirges angepasst. Als Jungfische treiben sie mit der Strömung in einen der Seen im bayerischen Alpenraum wie den Chiemsee, den Starnberger See, Walchensee oder Bodensee, um nur einige zu nennen. Auch in den Seen der italienischen, schweizerischen, österreichischen und französischen Alpen leben Seeforellen, die jeweils die Flusssysteme von Po, Rhone oder auch Donau hinaufwandern. Erstaunlich ist, dass die Seeforellen in den Alpenseen mitnichten eine Art bilden. Sie unterscheiden sich genetisch voneinander und auch von den Bachforellen der Flüsse, durch die sie wandern und die in die Seen ihres Lebensraums münden. Wissenschaftler haben herausgefunden, dass die Seeforellen sich im Laufe der Evolution in den jeweiligen Seen aus ganz unterschiedlichen Forellenarten der Flüsse entwickelten. So stammen die Seeforellen im Lago Maggiore, Lago di Como und in anderen Seen im Flussgebiet des Po sowie im Lago di Garda im Einfluss des Mincio von den Marmorierten Forellen *(Salmo marmoratus)* ab, die ausschließlich in den Südalpen vorkommen. Die Seeforellen in anderen Seen haben sich aus den Forellen der Donau, der Rhone oder der Atlantischen Forelle entwickelt. Doch alle Forellenarten eint, dass sie zur Eiablage in die Flüsse ihres Ursprungs ziehen. Die unterschiedlichen Forellenarten wurden in den wechselnden Eiszeiten der Alpen voneinander getrennt, wenn Zuströme mit einem Mal vereisten und sich zum Ende der Eiszeit die Flüsse einen neuen Weg durch die Berge suchten.

Weltweit zählen zu den Salmoniden eine ganze Menge Fischarten, die bekanntesten sind die unterschiedlichen Lachsarten in

Atlantik und Pazifik. Sie wandern zur Laichzeit aus dem Meer in die Süßwasserflüsse, an deren Oberläufen sie einst geschlüpft sind. In den Alpen zählen noch die Äsche *(Thymallus thymallus)* und der Huchen *(Hucho hucho)* zu den Salmoniden. Huchen leben ausschließlich im Gewässersystem der Donau, was ihnen den Namen Donaulachs eingebracht hat. Dic fast ausgestorbenen Huchen werden uns in der Isar begegnen, wo der Angelverein »Isarfischer« einige ausgesetzt hat, die sich nun inmitten der Millionenstadt vermehren. Nach den einst so zahlreichen Äschen wurde übrigens die Äschenregion entlang von Flüssen bezeichnet, die sich laut der Fischereilehre des neunzehnten Jahrhunderts an die Bachforellenregion anschließt. Aus ihrem Wunsch heraus, die Welt zu kategorisieren, teilten Biologen im neunzehnten Jahrhundert die Flüsse von der Quelle bis zur Mündung in vier Fischzonen ein: die Äschen- und Bachforellenregion sowie im Flachland die Barbenregion und die Brachsenregion. Die Vier-Fisch-Einteilung hat sich inzwischen jedoch erübrigt, denn der Mensch hat die meisten Flüsse derart stark verändert, dass sich rauschende, kalte Alpenflüsse schon am Oberlauf im Lebensraum der Bachforellen vor den Wehren zu warmen, trüben Teichen stauen.

Die Bachforelle im Oberlauf der Loisach ist groß genug, um einen leckeren Steckerlfisch zu ergeben, wenn ich sie fangen würde. Mache ich aber nicht, ich angle nicht. Durch das klare Wasser bemerke ich den silbrigen Schein ihrer Haut und meine, sogar rote Punkte darauf zu erkennen. Und schon schießt sie mit einem kräftigen Schwung aus der Mitte ihres Körpers unter den Felsen. Bachforellen sehen hervorragend und haben einen Sehwinkelradius von hundertachtzig Grad mit dem linken und mit dem rechten Auge. Sie sehen also sowohl, was vor ihrer Raubtierschnauze passiert, als auch, was hinter ihrer Schwanzflosse los ist. Nicht nur Bachforellen, sondern fast alle Fische haben sehr gute Augen und sehen durch die Wasseroberfläche, was sich an Land bewegt. Forellen und fast alle anderen Fischarten haben entlang beider Körperseiten zudem das Seitenlinienorgan, mit dem sie Schwingungen im Wasser spüren.

Bachforellen sind in den klaren, kalten Gebirgsflüssen zu Hause und zeigen, wie naturnah der Fluss und der umliegende Wald sind. »Es gibt eine direkte Verbindung zwischen Bäumen und Bachforellen«, schreibt der ungarische Ökologe Tibor Erös vom Balaton-Wasserforschungsinstitut in Tihany, Ungarn. Von den Bäumen fallen Spinnen sowie Raupen, Käfer und andere Insekten in den Fluss; je mehr Tierchen aus den überhängenden Ästen ins Wasser plumpsen, desto größer und schneller wachsen die Forellen. »Förster sollten sich bewusst sein, dass ihre Handlungen nicht nur den Wald selbst beeinflussen, sondern auch die Struktur und die Funktionen der Bäche und Flüsse, die durch diese Wälder fließen«, schreibt Erös. Denn auch die Zweige, das Laub und die in einem Sturm brechenden Äste oder ganzen Bäume vergrößern das Nahrungsangebot im Fluss. Insekten legen Eier an den Pflanzenteilen ab, Larven fressen sich durch, Schwimmkäfer kriechen unter und werden von Bachforellen und anderen Fischen gefunden.

Bachforellen sind die kleinen Verwandten der Lachse *(Salmo salar)*. Sie haben eine Menge Gemeinsamkeiten wie das Seitenlinienorgan, mit dem sich die Lachse entlang der Magnetfelder der Erde orientieren. Sie finden damit aus den Weiten des Atlantiks und Pazifiks zuverlässig wieder die Mündung des Flusses, in dessen Oberlauf sie einst im Kiesbett aus dem Ei schlüpften. Lachse verbinden wie die Meerforellen mehrere Ökosysteme von Süß- und Salzwasser und haben dieses Wunder der Evolution bis in die 1950er-Jahre auch in deutschen Gewässern vorgeführt. Bis Mitte des zwanzigsten Jahrhunderts lebten Lachse im Rhein, in der Weser, Elbe und in ihren zahlreichen Nebenflüssen. Dann verbauten und verschmutzten die Menschen die Flüsse derart, dass die Lachse nicht zurückkamen und in Deutschland ausstarben. Bereits in den 1980er-Jahren begann Nordrhein-Westfalen damit, Lachslarven im Rhein auszusetzen. In den Jahren darauf versuchten auch andere Bundesländer, Lachse in den Nebenflüssen von Elbe und Weser anzusiedeln. Im Elbe-Zufluss Stepenitz in der Brandenburgischen Prignitz waren die langjährigen Versuche erfolgreich. Lachse kehren mittlerweile aus Atlantik und Nordsee zurück in die Stepenitz und laichen dort. Die komplexen Verbindungen zwischen Lachsen in den Flüssen und den Ökosystemen an Land, wie sie von den Pazifischen Lachsen in Kanada und Alaska bekannt sind – sozusagen der ökologische Flossenabdruck der Lachse und anderer wandernder Fischarten –, kann in Deutschland noch nicht wieder beobachtet werden. Die Lachse in den Bächen und Flüssen auf Vancouver Island vor der kanadischen Küste beeinflussen sogar das Leben von Singvögeln, hat das US-amerikanische Forscherteam Marlene A. Wagner und John D. Reynolds herausgefunden. Die Pazifischen Lachse bringen Nährstoffe wie Phosphor und Stickstoff aus dem Meer in die nährstoffarmen Bäche. Wölfe und Bären schleppen die Lachse an Land, wo ihre Überreste den Waldboden düngen und Bäume zum Wachsen bringen. Insekten legen Eier in die Kadaver hinein, womit die Lachse die Vielfalt und Menge der Insekten fördern. Und die wiederum beeinflusst die Vielfalt und den Artenreichtum der Singvögel, haben Wagner und Reynolds in zwei Jahren gemessen. »Mit einer größeren Biomasse an Lachsen haben wir eine höhere Menge an allen Vögeln festgestellt, sowohl bei den Generalisten, den Insektenfressern als auch den Pflanzenfressern. Das gilt für die Anzahl der Arten wie auch ihre Menge«, schreiben Wagner und Reynolds.

Wer sich nicht anpasst, rauscht davon

Alpenflüsse unterscheiden sich vollkommen von den Flüssen der Mittelgebirge, wie der Saale aus dem Fichtelgebirge, der Fulda aus der Rhön, der Bode und Ilse aus dem Harz. Jedes Gestein, ob quarzhaltiger Ramberggranit wie im Bodetal, kalkhaltiges Gestein wie in den Kalkalpen von Karwendel und Wetterstein, wo die Loisach entspringt, Vulkangestein wie in der Rhön, Mergel, Sand, Ton, Schiefer und die anderen Gesteine prägen den Fluss. Je nach Höhenlage, Wassergehalt, Fließgeschwindigkeit und Sauerstoffgehalt, Sand, Steinen und anderen Sedimenten im Wasser bilden die Flüsse ein für sie typisches Ökosystem, das an einen Abschnitt am Ober-, Unter- oder Mittellauf des Flusses genau angepasst ist.

Jeder Bach, jeder Fluss begünstigt daher ein charakteristisches Ökosystem an seinen Ufern und natürlich auch im Wasser, je nachdem, ob er im Hochgebirge oder im norddeutschen Flachland, im Mittelgebirge oder kurz vor der Mündung ins Meer fließt. Flüsse und Bäche sind keine klar abgegrenzten Lebensräume, oder sie sind es nur immer in bestimmten Abschnitten. Nahe der Quelle leben andere Fische, Vögel, Asseln, Würmer, Insekten und ihre Larven als kurz vor der Mündung oder gar in den Flussschleifen und Abschnitten dazwischen. Das Wesen des Flusses ist sein Fließen, ein Treiben, ein ständiger Wechsel, der das Leben in permanenter Bewegung hält. Schon Bäche verändern von der Quelle durch den Wald und die Wiese, entlang eines Weges und durch die Stadt ständig ihr Wesen. Die verschiedenen Tier- und Pflanzenarten in und an einem Bach oder Fluss beeinflussen sich auf eine ganz andere Art als in einem Wald oder auf einer Wiese, die vom Fluss aus betrachtet beide von statischer Langeweile scheinen. Dabei beherbergen in natürlichen Wäldern die Waldbäche den Ursprung des Lebens. Fusselgroße Bachflohkrebse und Schnecken klammern sich ans Schwemmholz, unter Steinen und im Kies entwickeln sich Köcherfliegenlarven und Steinfliegen. Stecknadelkopfgroße Muschelkinder wachsen im wasserdurchfluteten Kiesbett heran. Wasserasseln und Schwimmkäfer gründeln in ruhigen Gumpen. Die Wirbellosen und Insekten zerkleinern, zersetzen und fressen Algen, Blätter, Moose, Äste, die in den Bach fallen, säubern das Wasser und erschließen die Nährstoffe aus den Pflanzen für Kleinstlebewesen.

In den Waldbächen im Einzug von Neidernach und Loisach habe ich in den eiskalten und klaren Wassern noch keine winzigen Tierchen gesehen, was natürlich gar nichts bedeutet. Sie sind zu klein und gut in den Nischen und Ritzen zwischen den Kieseln versteckt. Die Würmchen, Asseln, Milben, Krebse und anderen Wirbellosen, die Steinfliegen, Köcherfliegen- und Eintagsfliegenlarven im Bachbett haben nur dann eine Chance im Wasser, wenn sie mit der Strömung in Bächen oder Flüssen leben können. Wer sich nicht anpasst, rauscht davon. Manche der Tierchen verkriechen sich vor allem tagsüber unter den Steinen, um sich vor Fischen oder auch der auf Sicht jagenden Wasseramsel zu verstecken. Die Eintagsfliegenweibchen kleben ihre Eier an die Steine und schützen sie damit vor Abdrift. Manche Bergbäche fließen mit solcher Wucht, dass sie hier über die Ufer springen und Wasserlachen an Land bilden, dort tiefe, ruhige Gumpen schaffen. Sie bilden Schlingen und Kurven und lagern Steine, Sand und Schwebteile auf Inselchen und Bänken im Bach ab. Manche der an die wilden Bäche angepassten Tierarten leben im ruhigen Wasser der Bachschleifen und suppentellergroßen Buchten entlang des schnell fließenden Waldbachs. Doch all die Tierchen haben im Laufe der Evolution nicht nur ihre Verhaltensweisen an starke Strömungen angepasst, sondern auch ihren Körperbau. Die kleinen wirbellosen Tiere haben ganz flache Körper, aus denen keine Beine, Fühler oder Chitinpanzerteile hervorstehen. So können sie sich nah am

Boden aufhalten, wo die Strömung meistens weniger stark ist als in den oberen Wassern. Flach wie sie sind, können die Strudelwürmer und die Larven von Klauenkäfern, Kriebelmücken und Köcherfliegen auch in Ritzen flitzen oder unter Steine schlupfen. Die im Wasser der schnell strömenden Bäche und Flüsse lebenden Käfer haben seitwärts vom Chitinpanzerrand abstehende Beine, wodurch sie beim Laufen über den Grund zu schweben scheinen. Auch die Beine der Eintagsfliegenlarven in den Gebirgsbächen stehen zur Seite ab – nicht am Bauch, wie bei ihren Verwandten in Tümpeln und Seen. Dadurch können die platten Larven eng an den Boden gepresst laufen und werden seltener von der Strömung verwirbelt. Biologen nennen die an die schnell fließenden Bäche und Flüsse angepassten Arten Torrentikolen. Ich merke mir das über den Umweg aus dem Spanischen: *Torrente* bedeutet auf Spanisch Gebirgsbach.

Im Buchenlaub an einem durch den Bergwald trödelnden Bach auf dem Weg zur Neidernach traf ich in einem Juni einen Alpensalamander. Schwarz und glänzend saß er abwartend auf frei gespülten Kieseln und kletterte schwerfällig ein paar Schritte weiter, als ich mich über ihn beugte und ihn näher betrachten wollte. Alpensalamander *(Salamandra atra)* sind mit den Feuersalamandern *(Salamandra salamandra)* verwandt. Beide gehören in die Ordnung der Schwanzlurche innerhalb der Amphibien. Zu den Schwanzlurchen gehören auch Molche wie Kammmolch, Bergmolch und Teichmolch, den ich in der mit Wasser gefüllten Spur eines Harvesters im Wald entlang der Neidernach beobachte. Der Alpensalamander zwischen den Kieseln und dem Laub zu meinen Füßen passt in die Spanne zwischen Daumen und Zeigefinger meiner rechten Hand, wenn ich sie ausgestreckt über ihn halte, ohne ihn zu berühren. Demnach misst das Tier rund zwölf Zentimeter. Wildlebende Tiere fasse ich grundsätzlich nicht an, denn die Bakterien,

Viren, Pilzsporen und was ich noch an den Händen habe, könnten sie infizieren. Und umgekehrt natürlich genauso, wie wir alle seit der Coronapandemie und SARS-CoV-2 wissen. Alpensalamander würde ich aber auch ohne dieses Wissen nicht anfassen, denn sie sondern einen giftigen Schleim ab, der sie so hübsch glänzen lässt und sie vor Fressfeinden schützt.

Ob hier ein Männchen oder ein Weibchen im nassen Alpenlaubwald sitzt, kann ich nicht erkennen, denn die Tiere sehen gleich aus, wenn ich von der Ausstülpung der Kloake bei den Männchen absehe. Fasziniert blicke ich auf dieses kleine Tier aus der Urzeit, das sich während der Evolution perfekt an das Hochgebirge angepasst hat. Alpensalamander paaren sich an Land und nicht im Wasser wie andere Salamander und die Molche der Schwanzlurche. Die Fortpflanzung auf dem Trockenen ist deswegen notwendig, weil die Bäche und Gumpen in den Alpen fast ebenso schnell versiegen können, wie sie anschwellen. Das Hochgebirge kann im Sommer wochenlang trockenfallen. In den schnell fließenden Bächen aus den Gletschern können sich die Alpensalamander nicht festhalten und würden mit der Strömung aus ihrem Lebensraum hinwegrauschen. Alpensalamandermännchen und -weibchen warten also nicht auf den Regen und die dann entstehenden Tümpel auf Zeit, wenn sie sich treffen und bereit wären. Das Alpensalamanderweibchen legt ihren Laich auch nicht in ein Gewässer wie ihre Verwandten oder die anderen Amphibienarten unter den Fröschen und vielen Krötenarten. Alle Jubeljahre gebiert das Alpensalamanderweibchen stattdessen zwei lebende, etwa vier Zentimeter große und fortan selbstständige Junge. Nach dem Fortpflanzungsakt kann das Weibchen die Spermien jahrelang im Körper aufbewahren. Kommt es zur Befruchtung, trägt das Weibchen in zwei Gebärmüttern jeweils ein Junges zwischen zwei und drei Jahre lang. Die heranwachsenden Embryonen ernähren sich währenddessen von den im Mutterleib vorhandenen, nicht befruchteten

Eiern. Sind diese verzehrt, produziert die Mutter eine Flüssigkeit und nährt die Embryonen damit. Die Alpensalamander-Embryonen haben in diesem Stadium noch Außenkiemen wie andere Salamander-Larven, doch bilden sie diese im Mutterleib rechtzeitig vor der Geburt in Lungen um.

Wasser ist der Ursprung des Lebens. Die Alpensalamander-Mutter bietet den Jungen in ihrem Körper das nasse Element der Amphibien. Im Hochgebirge ab tausendsiebenhundert Metern tragen die Alpensalamander bis zu fünf Jahre, je höher sie leben, desto länger benötigen die Embryonen für die Entwicklung zum Jungtier. Alpensalamander sind vermutlich die Wirbeltiere mit der längsten Tragzeit. Da sie jedes Jahr etliche Monate in Felsnischen oder unter Steinen in einer Winterstarre leben, finde ich es umso beeindruckender, dass nicht nur das ausgewachsene Tier die Eiseskälte der Alpen überlebt, sondern auch die darin heranwachsenden Larven.

Von der Loisach in die Isar

Die Loisach sprudelt aus mehreren Quellen bei den Seen im Wald unterhalb des Fernpasses in Tirol. Hier quillt das klare Wasser aus einem Spalt über dem Boden, dort läuft es zwischen zwei moosbewachsenen Steinen hervor, an anderer Stelle blubbert es aus dem Untergrund. Während ich an einem fünfzehn, zwanzig Meter hohen, mit Ahorn, Buchen und Fichten bestandenen Felsen entlanggehe, sehe ich Wasser aus dem von Moosen, Algen und kurzen Grünpflanzen bewachsenen Stein hervorquellen, so wie ich mir als Kind eine Quelle in den Bergen vorgestellt habe. Ein Loch im Stein, aus dem klares Wasser rinnt. Mit der hohlen Hand fange ich es auf. Es schmeckt weich, mineralisch, steinkalt. Unter einer

Baumwurzel am Fuß des Felsens dringt ebenfalls Wasser. Ich gehe in die Hocke, stütze mich mit den Händen auf grünbewachsenen Steinen ab, neige den Kopf bis zur Quelle und schlürfe das Wasser zwischen den Baumwurzeln. Es ist erstaunlicherweise nicht so kalt wie das Wasser aus der oberen Quelle, schmeckt weniger mineralisch. Eher nahrhaft. Süßer. Alles ist grün an den Felsen, denn überall läuft und rieselt Wasser über das Gestein und bietet Pflanzen, Algen, wirbellosen Tierchen und ihren Larven einen fluiden Lebensraum. Die Felsen sind schon so dicht bewachsen, dass der Lebensraum vielleicht bei strengen Biologinnen nicht mehr als *Fauna hygropetrica*, die Tierwelt feuchter Felsen, durchgehen würde. Ständig berieselte, immer nasse Felsen, an die viel Sauerstoff herankommt, bieten kleinsten Lebewesen wie den Larven von Tastermücken und Dunkelmücken, Zuckmücken und Köcherfliegen eine Kinderstube. In einer Schlucht weiter westlich der Loisachquellen habe ich ausgiebig eine Wasseramsel beobachtet, die an den flachen Stellen überrieselter Felsen nach Nahrung suchte.

Aus den vielen unterschiedlichen Quellen der Loisach läuft das Wasser flach über den Boden durch ein für die Alpentäler typisches Ried. Menschen haben hier nachgeholfen und das zukünftige Flusswasser in einem flachen See mit Holzbohlen eingefasst, damit Spaziergänger trockenen Fußes zwischen Waldrand und Wasser laufen können. Während ich noch überlege, ob hier nun Schilfgras, Seggen oder Röhrichte in der Oktobersonne stehen, schießt ein türkisblauer Pfeil aus dem Dunkel der Fichten am Seeufer hervor und verschwindet auf der gegenüberliegenden Seeseite in Gebüsch und Geäst. Ein Eisvogel *(Alcedo atthis)*, dem ich zu nahe gekommen bin. Eisvögel haben eine große Fluchtdistanz, weshalb es schwer ist, sie in Ruhe aus der Nähe zu beobachten. Sie faszinieren mich immer wieder, wie sie fast kolibrihaft schnell die Flügel schlagen, sodass sie während des Fluges nur schemenhaft zu erkennen sind. Von Sitzwarten am Flussufer stürzen Eisvögel pfeilartig ins Wasser, um wie mit einer Harpune den Fisch mit einem Stoß ihres Schnabels zu erwischen. Sie drehen sich unter Wasser, tauchen mit enormer Kraft senkrecht wieder auf, durchstoßen die Wasseroberfläche und fliegen auf einen Ast. Mit derselben zielgerichteten Energie suchen sie rasend das Weite, so wie der Eisvogel, der gerade vor mir floh. Über eine Steinrinne entlang des Berges stürzt die Loisach aus ihrem ruhigen Ursprung ins Leben. Unterhalb der Quellen bildet sie erneut einen Waldsee, weil Biber nicht weit entfernt den Fluss mit einem mehrere Meter hohen Damm stauen. Doch auch die Biber ändern nichts daran, dass die Loisach ins Tal strömt. Im Ehrwalder Moos begnügt sie sich mit einem kanalartigen, von Menschen geformten Bett, die das Moor trockengelegt und Platz für Wiesen und einen Golfplatz geschaffen haben. Kurz hinter Ehrwald darf die Loisach auf der Strecke bis Garmisch-Partenkirchen noch einmal Wildfluss sein, mit Schotterbänken, Verzweigungen, Altarmen, flaschengrünen Untiefen in scharfen Kurven. Durch ein Kerbtal saust das Wasser über Felsbrocken, rauscht unter der überdimensionierten Brücke aus dem Autotunnel bei Grainau hindurch und fließt ab dort in zivilisierten Bahnen durch Garmisch, nimmt den Hammerbach, die Partnach auf Höhe von Partenkirchen und andere kleine Achen auf, windet sich durch den breiten Talboden hinaus aus den Alpen, durchströmt, schon ruhig geworden, Auwälder, treibt bei Eschenlohe ein hochmodernes Kraftwerk an, nährt nochmals Hochmoore, die in Bayern und Österreich Ried heißen, und mündet zwischen Ried und Moor in den Kochelsee.

Das Walchenseekraftwerk beherrscht den Kochelsee. Dank des Jahrhundertbauwerks fließen hier die Wasser von Loisach und Isar schon zusammen, obwohl die Loisach von Natur aus erst dreißig Kilometer vor München bei Wolfratshausen in die Isar mündet. Vor mehreren Eiszeiten waren Loisach und Isar schon einmal vereint im Isar-Loisach-Gletscher. Seit der letzten Eiszeit vor rund zwölftausend Jahren sind die beiden Flüsse getrennt, doch *panta rhei,* alles fließt, und alles gehört mit allem zusammen. An Isar und Loisach haben Menschen nachgeholfen. Die Wasserbauingenieure um Oskar von Miller haben Anfang des zwanzigsten Jahrhunderts für das Walchenseekraftwerkssystem ein halbes Dutzend Alpenflüsse aus dem Karwendelgebirge verändert wie zuletzt nur die Eiszeiten. Ein Eingriff, der das Leben in den Flüssen und in den Ortschaften an den Oberläufen der Flüsse schlagartig wandelte. Fische stiegen nicht mehr auf, die Flößer konnten keine Bäume ins Flachland flößen. Dafür wurde es hell in Bayern mit dem Strom aus der Wasserkraft von Isar und Loisach. Flüsse und ihre Natur gehören eben zu unserem Leben und unseren Wirtschaften wie die Forellen in der Loisach.

In einem natürlichen Fluss fließt alles, und da es kaum ein passenderes Bild für das Leben gibt, war der Fluss schon bei den antiken Philosophen Heraklit und Platon der Inbegriff des Lebens. *Panta rhei*, alles fließt, lautet die Formel der antiken Denkrichtung, doch würden die Philosophen heutzutage in Deutschland wohl nicht mehr zu solch klugen Betrachtungen über das Werden im ewigen Wandel kommen, wenn sie die Flüsse erblickten. Die meisten Flüsse in Deutschland fließen in Betonrinnen und über Staustufen, das Wasser fällt durch Turbinen von Wasserkraftanlagen, dümpelt in begradigten und mit Steinen bewehrten Ufern. Der Großteil der Flüsse hierzulande zeigt, was ein Leben im Korsett bedeutet. Aus dem philosophischen Bild des ewigen Wandels, aus dem Gleichnis des Flusses für das Leben im Werden und Vergehen, ist ein langer, ruhiger Fluss geworden. Was floss, ist bürokratisiert, wo ein Fluss das Leben im und am Wasser jahrtausendelang ermöglichte, zieht heute eine Bundeswasserstraße durch die Landschaft. Alle fünfhundert Meter versperrt rein rechnerisch ein Querbauwerk einen Fluss in Bayern, haben Sigrun Lange und Stefan Ossyssek vom Alpenflussbüro des WWF ausgerechnet. Wandernde Fischarten können nur in elf Prozent der Flüsse in Bayern flussaufwärts schwimmen. Nur drei von 913 erfassten Flusssystemen in Bayern sind in einem »sehr guten ökologischen Zustand« – das sind 0,3 Prozent. In den anderen Bundesländern Deutschlands geht es den Flüssen regional mal besser und mal schlechter, doch haben alle ein Riesenproblem mit der chemischen und ökologischen Qualität. Staumauern und Wehre stauen Flüsse, wo sie fließen sollten, Kohlekraftwerke und die letzten Atomkraftwerke entnehmen beträchtliche Mengen Kühlwasser, leiten es erwärmt zurück in die Flüsse, deren Ökosysteme im Klimawandel eh unter den höheren Temperaturen und geringeren Regenmengen leiden. Rückstände von Antibiotika, Anti-Baby-Pillen, Thrombosesalben und anderen Medikamenten im Abwasser stören oder zerstören die Organismen, der Reifenabrieb von den Straßen wird mit dem Regenwasser in die Flüsse gespült und vergiftet Fische, Rückstände aus der Aluminium- und der Chemieindustrie töten Kleinstlebewesen im Wasser. Die Liste der Chemikalien, Schwermetalle, Gifte und technischen Umbauten in den Flüssen ist lang, und es ist ein Wunder, dass überhaupt Tiere und Pflanzen in den Bächen und Flüssen die menschlichen Zumutungen überleben. »In keinem anderen Ökosystem sind so viele Arten bedroht oder bereits verschwunden wie im oder am Wasser«, schreibt das Umweltbundesamt auf seiner Internetseite. Die Flüsse in Deutschland sind von Natur aus die Hotspots der Artenvielfalt, also das, was wir am Amazonas und im Okavango-Delta bewundern können.

Dabei geht es manchen Flüssen in Deutschland auch besser als vor dreißig oder vierzig Jahren. In der Elbe bei Hamburg könnte ich heutzutage baden, in meiner Kindheit in den 1970er-Jahren durften wir am Elbstrand nicht mal mit nackten Füßen ins Wasser gehen. Ein Erfolg der Umweltbewegung, die so lange Druck gemacht hat, bis alle Städte eine Kläranlage gebaut oder ihre maroden

Anlagen so weit verbessert haben, dass sie von Fäkalien, Schwebstoffen und chemischen Stoffen gereinigtes Wasser in die Flüsse entlassen. Wohl jeder Betrieb und jeder Privathaushalt in Deutschland sind an eine Kläranlage angeschlossen, und die Wasserqualität der Flüsse hat sich in den letzten fünfzig Jahren extrem verbessert. Immissionsschutzgesetze, technisch bessere Filteranlagen, Kreislaufwirtschaft in Chemie- und Papierwerken und auch der Zusammenbruch der extrem schmutzigen Industrie in Osteuropa haben geholfen, dass die Elbe und andere Flüsse sauberer geworden sind. Mikroplastik, Arzneimittelreste, Weichmacher und andere Gifte gelangen dennoch weiterhin in die Gewässer. Industrie und Menschen muten den Flüssen Tag für Tag Belastungen zu. Allein die Unterelbe wurde seit den 1970er-Jahren achtmal vertieft, sodass das Ökosystem der Unter- und der Tideelbe zu kippen droht. Durch die Vertiefungen ist weniger Sauerstoff im Fluss, und Fische, Krebse und andere Flussbewohner drohen zu ersticken.

In den Flüssen und Bächen fließen all die durch unsere Art zu leben geschaffenen Probleme aus Naturzerstörung, Artenschwund und Klimakrise zusammen. Die Gewässer spiegeln unseren Umgang mit der Natur und den Ökosystemdienstleistungen, allen voran mit den Ressourcen Wasser und Trinkwasser. Wir können nicht ohne die Dienstleistungen der Flüsse leben, betrachten sie jedoch als selbstverständlich und deswegen für immer und ewig als gegeben. Dabei haben wir noch gar nicht verstanden, was der geringer werdende Regen oder auch die extremen Regenfälle wie im Juli 2021 in Deutschland, Belgien, den Niederlanden, Österreich und anderen Ländern Mitteleuropas für Wasser und Trinkwasser bedeuten. In manchen Regionen Deutschlands ist der Grundwasserspiegel vor allem wegen Übernutzung der Wasserressourcen bei gleichzeitig sinkendem Niederschlag bereits um ein Viertel gesunken. Gewässerökologen warnen davor, dass mit der Klimakrise weniger Trinkwasser und das auch noch in schlechter Qualität zur

Verfügung stehen wird. Denn viele Flüsse sind derart verschmutzt, verschlammt und verbaut, dass die Selbstreinigung mithilfe der Kleinstlebewesen und Bakterien eingeschränkt und im schlimmsten Fall verloren gegangen ist. Dann gelangt das Wasser ungefiltert ins Grundwasser.

Dicke Gesetzessammlungen regeln den Gebrauch von Flüssen und Bächen für die Schifffahrt oder die Wasserkraft. Die Flüsse gehören allen, also vergeben Länder, Bund, Gemeinden nur Nutzungsrechte an ihren Kräften und Wassermassen. Auch die Qualität und die Menge des entnommenen Wassers für die Nutzung aus dem Grundwasser werden in Deutschland von Gesetzen wie dem Wasserhaushaltsgesetz geregelt. Die Naturschutzgesetze der Bundesländer und auch die Europäische Fauna-Flora-Habitat-Richtlinie (FFH-Richtlinie) schützen einzelne Tier- und Pflanzenarten sowie deren Lebensräume. Das Ökosystem Fluss als Ganzes wird jedoch bislang nicht als das betrachtet, was es ist: ein Zusammenspiel von Tieren, Pflanzen, Mikroorganismen im Wasser und an Land. Die EU-Wasserrahmenrichtlinie soll zumindest den Zustand der Flüsse verbessern. Da es Flüssen, Bächen, Seen und den anderen Gewässern in ganz Europa schon lange nicht mehr gut geht, hat die EU-Kommission bereits 2001 besagte Wasserrahmenrichtlinie erarbeitet. Zwanzig Jahre lang hatten die EU-Staaten Zeit, dafür zu sorgen, dass im Jahr 2021 die Flüsse in »gutem ökologischen Zustand« wären. Die EU kennt jedoch die Lethargie in den Mitgliedsländern und hat daher von vornherein den Ausweichtermin 2027 angegeben. Leider bezieht die Richtlinie nicht auch die Auen und die Einzugsgebiete der Flüsse mit ein und denkt zusammen, was zusammengehört. Aber die EU hat zumindest eine weitere Aufgabe für die Mitgliedstaaten: Bis 2030 sollen mindestens fünfundzwanzigtausend Kilometer der Flüsse wieder in die Freiheit des Fließens entlassen werden. *Panta rhei* im Fluss.

Nur vereinzelt haben in Deutschland die natürlichen Flüsse, Bäche und die dazugehörigen Auen den menschlichen Gestaltungswillen der Vergangenheit überlebt. Wasserbauer begradigen und kanalisieren seit dem siebzehnten Jahrhundert systematisch die Flüsse. Sie entwässern Auen und Moore, leiten Bäche durch Kanäle oberhalb der Aue, legen die Flüsse an einer Stelle trocken, um das Wasser zu nutzen und kilometerweit durch einen Kanal an anderer Stelle wieder in ein Flussbett einzuleiten. Vor der industriellen Nutzung der Wasserkraft gewannen Mühlen in Deutschland und anderen europäischen Ländern zweitausend Jahre lang die Energie aus dem Wasser, um Getreide zu mahlen, Holz zu sägen, Papier zu schöpfen. Mit der Industrialisierung kanalisierten die Beamten und Wasserbauingenieure Donau, Rhein, Main, Neckar und Tausende von weiteren Flüssen. Sie bauten kleine und große Wasserkraftwerke, bändigten die natürlichen Hochwasser und formten die Flüsse zu handhabbaren Verwaltungseinheiten. Heutzutage sind Flüsse in Deutschland Bundes- oder Landeswasserstraßen erster, zweiter oder dritter Kategorie und fast vollständig den wirtschaftlichen Interessen für den Warentransport und die Energieerzeugung sowie der landwirtschaftlichen Nutzung untergeordnet. Fließt das Wasser in geordneten Bahnen, fließt auch das Geld. Die begradigten Flüsse entsprechen dem westlich-linearen Denken, dass das Leben einen Ursprung und ein Ende hat. Die mit der Industrialisierung angelegten Wasserstraßen spiegeln die protestantisch-wirtschaftliche Ethik, dass das Handeln, das Denken und das Sein ein Größeres speisen, in ihm aufgehen und so zu einem besseren Leben auf höherer Ebene beitragen. Wer auf Erden viel schafft, hat es im Jenseits besser, von der Quelle zur Mündung, vom Gebirge ins Meer, von der Geburt bis zum Tod. Immer steht der ruhige Strom für das Leben; der breite Fluss, der gemächlich durch die Landschaft fließt und Spaziergängerinnen auf einer Bank am Ufer zu einer kontemplativen Betrachtung einlädt, symbolisiert das Leben im wirtschaftlich reichen Deutschland. Kaum jemand denkt wohl sein Leben als Gebirgsfluss, der die Berge über Felsen herabrauscht, in rasch aufeinanderfolgenden Kurven ins Tal strömt, sich unterwegs der unnötigen Dinge entledigt und Geröll und Kiesel liegen lässt, hier eine Schotterbank bildet, dort das Ufer fräst und die ins Wasser gefallenen Baumriesen in orgiastischem Strudel mit sich reißt, auf einer Geraden an Fahrt gewinnt und Strecke macht. Gebirgsflüsse schaffen Flussbetten, die heute lieblich in der Aue liegen und über Nacht anschwellen, bis das Wasser drei, vier Meter höher als am Tag zuvor in weiten Wellen gen Tal rauscht und am Ufer schäumt. Das einzig Sichere im Alpenfluss ist die ständige Veränderung. Nur wenige möchten Loisach sein, alle wollen Donau werden.

Flüsse zeigen uns, dass nun wir uns an die Natur anpassen müssen

Unsere gesamte Kultur und Wirtschaft bauen auf den Errungenschaften, Erfindungen und Erkenntnissen auf, die wir modernen Menschen in der Zeit der ewig sprudelnden Bäche und fließenden Wasser in Zentraleuropa gemacht haben. Natürlich nicht nur in den Alpen und nicht nur in Europa, doch bleiben wir der Einfachheit halber hierzulande. Wir alle sind Kinder des Holozäns, doch besteht unsere Anpassung an diese Epoche des gemäßigten Klimas in Deutschland bislang einzig darin, dass wir die Natur unseren Bedürfnissen angepasst haben. Bäche und Flüsse verdeutlichen das sehr gut, denn kaum einen Naturraum haben schon unsere Vorfahren der vergangenen Jahrhunderte derart ihren wirtschaftlichen Wünschen und Notwendigkeiten untergeordnet. Angefangen bei den Mühlbächen, die das Flusswasser für das Mühlrad abzweigten, bis hin zu den Entwässerungsgräben und Kanälen, den Vorflutern und Stauseen des zwanzigsten Jahrhunderts. Immer haben Menschen das Wasser der Flüsse und Bäche zu ihrem Nutzen geleitet, kanalisiert, gebändigt oder beschleunigt, wie in den gigawattstarken Pumpspeicherwerken der Alpen.

Wir haben die Natur an uns angepasst und einzeln und als Kollektiv, als Gesellschaft und als Zivilisation einige Jahrhunderte lang damit sehr gut gelebt. Seit ein paar Jahren zeigt sich jedoch, dass wir uns an die Natur anpassen werden müssen, um in der Klimakrise zu bestehen. Zentrales Thema wird das Wasser sein. Denn es regnet und schneit weniger und seltener, die Grundwasserkavernen füllen sich nicht ausreichend, Quellen versiegen, Flüsse führen weniger Wasser und leiten daher auch weniger Wasser ins Grundwasser.

Wie schon bei der Nutzbarmachung der Natur und der Anpassung der Umwelt an den Menschen zeigen Flüsse und Bäche unmittelbar, wie nun wir Menschen gefordert sind, uns an die Natur anzupassen. Flüsse und Bäche weisen uns nach wenigen Wochen Dürre oder nach einigen Tagen Regen darauf hin, was die Auswirkungen der Erderwärmung auch in sonst so gemäßigten und mit allen Wassern gesegneten Ländern wie Deutschland bedeuten. Seit den Dürren 2018, 2019 und 2020 erleben wir die Auswirkungen der Veränderung des Klimas. In den trockenen Sommern haben wir gespürt, wie sich wochenlange Hitze um dreißig Grad Celsius und darüber hinaus anfühlt. Zum ersten Mal haben wir miterlebt, wie Wälder hektarweise vertrocknet, Bäche und Flüsse versiegt und selbst große Ströme wie der Rhein zu einem schmalen, flachen Strom inmitten eines lehmüberzogenen Betts verkümmert sind. Im Dürresommer 2018 wurde wochenlang die Schifffahrt auf dem Rhein, der Mosel, dem Neckar und anderen Bundeswasserstraßen eingestellt, Unternehmen konnten nicht produzieren, weil ihnen die bislang mit Frachtern auf dem Fluss angelieferten Rohstoffe fehlten.

In Deutschland war das Jahr 2019 das wärmste seit Beginn der Temperaturaufzeichnungen 1881 und wurde von 2020 noch übertroffen. In elf von zwölf Monaten war es in beiden Jahren zu warm. Und zu trocken. Der Deutsche Wetterdienst hat 2020 im Durchschnitt 705 Liter Niederschläge pro Quadratmeter gemessen – viel zu wenig, damit sich Grundwasser und Bodenwasser nach den trockenen Jahren auffüllen könnten. 2018 war mit 586 Litern Regen pro Quadratmeter eines der trockensten Jahre seit Beginn der Aufzeichnungen. Und da auch 2019 sehr trocken war, waren die Böden in fast allen Regionen Deutschlands noch mehrere Meter unter der Erdoberfläche staubtrocken. Im Frühjahr 2020 maßen die Wetterleute ein Defizit von dreiundvierzig Prozent Regen. Der Bodenwasservorrat, also das für die Pflanzen zugängliche Wasser im Boden, lag im April mit achtundsechszig Prozent deutlich unter dem vieljährigen Mittel von siebenundachtzig Prozent. »Insgesamt betrachtet verstärken die vergangenen drei Jahre die Befürchtungen der Klimaforschung, dass wir künftig immer öfter mit Wetter- und Klimaextremen rechnen müssen«, sagt Thomas Deutschländer, Klimaexperte des Deutschen Wetterdienstes, im März 2021 auf einer virtuellen Klimapressekonferenz. Er rechnet damit, dass sich in der warmen Jahreszeit Hitze und Trockenheit mit starken Regenfällen abwechseln werden und es nur noch selten gemäßigtes und wechselhaftes Wetter in Deutschland geben wird. Seit Ende des neunzehnten Jahrhunderts ist hierzulande die Temperatur um 1,6 Grad Celsius gestiegen, weltweit ist es im selben Zeitraum 1,1 Grad Celsius wärmer geworden. Die Erwärmung führt auch zu extrem starkem Regen wie vom 12. bis 15. Juli 2021 in Belgien, den Niederlanden, Luxemburg und Deutschland. Neunzig Liter Wasser pro Quadratmeter gingen an einem Tag nieder. Das ist selbst für natürliche Flüsse und Auen extrem viel, doch an den Flüssen der dicht besiedelten Länder wie Deutschland sind die Auen und natürlichen Überschwemmungsgebiete verbaut. Über kahle Maisäcker, betonierte Parkplätze und Straßen, durch strauchlose Fichtenmonokulturen und talwärts gepflanzte Weinreben rauschte das

Wasser und kanalisierte sich zwischen den eng bebauten Häuserfluchten zu tödlichen Strömen. Die Flüsse Ahr in Rheinland-Pfalz und Erft in Nordrhein-Westfalen mussten in kürzester Zeit zu viel Wasser aufnehmen. Mindestens hundertsechzig Menschen starben in Deutschland, zweihundertzwanzig Menschen insgesamt in den vier betroffenen Ländern, und Zehntausende verloren ihr Hab und Gut. Die extremen Regenfälle sind eine Folge der Erderwärmung und der Klimakrise, haben neununddreißig internationale Klimawissenschaftler des Deutschen Wetterdiensts und der World Weather Attribution-Initiative analysiert. Das Risiko derartiger Fluten hat sich demnach um das 1,2- bis 9-Fache erhöht. Und die Intensität der extremen Niederschläge ist in der Region zwischen drei und neunzehn Prozent gestiegen, sagen die Wissenschaftler in der Attributionsstudie.

Groppen, Grasfrösche, Goldhähnchen

Ein fingergroßer Drache liegt auf den Kieseln der Schotterbank in einer Kurve der Loisach. Ein Fisch, so viel steht fest, mit zwei hohen Rückenflossen vom Nacken bis zur Schwanzflosse, langer Flosse am Bauch und breiten, fächerartig gespreizten Flossen links und rechts hinter dem Kopf. Sie ragen über den Körper hinaus, ebenso wie die Schwanzflosse. Der Fisch scheint mehr Flosse als Körper zu sein und ist gerade so lang wie mein Zeigefinger. Auf dem Rücken blutet er aus zwei Löchern. Offensichtlich hat ihn ein Landbewohner aus dem Fluss gefischt und dann liegengelassen. Oder aus dem Schnabel verloren. Der Fisch ist nicht spindelförmig wie eine Forelle, sondern hat einen breiten, massigen Kopf, ein Riesenmaul mit wulstigen Lippen und einen kurzen Körper. Er erinnert an einen kleinen Wels, doch leben Welse nicht in Alpenflüssen.

Zu Hause finde ich den kleinen Drachen in einem Tierbestimmungsbuch wieder. Eine Groppe oder Mühlkoppe, wie man in Bayern sagt, ist da an Land geraten. Vielleicht hat eine Katze sie mit einem Pfotenhieb aus dem Fluss geschleudert. Der Graureiher, den ich schon häufiger ein paar hundert Meter flussaufwärts getroffen habe, hätte die Groppe gepackt, den Schnabel aus dem Wasser gezogen, den Kopf in den Nacken gezogen und sie mit windendem Hals hinein gewürgt. Die Wunden auf dem Rücken der Groppe habe ich mir nicht genau genug angeschaut, um den Täter identifizieren zu können. Ich war so fasziniert von dem urzeitlich aussehenden Fisch.

Groppen *(Cottus gobio)* haben keine Schwimmblase, lese ich in einem Buch über Süßwasserfische. Das erklärt, warum sie so viele und so große Flossen haben. Irgendwie müssen sie sich ja im rauschenden Wasser eines Alpenflusses halten. Schwimmblasen sind Ausstülpungen des Darms und helfen vielen Fischarten beim Schwimmen. Wir Menschen haben übrigens aus der Darmausstülpung die Lunge entwickelt. Nicht direkt natürlich, aber als vor Hunderten Millionen Jahren die Urtypen an Land kamen, aus denen später Amphibien, Reptilien, Vögel und die Säugetiere sich entwickelten, war die Lunge schon angelegt. Und unser Urvorfahr lebt noch immer als Lungenfisch in den Flüssen Südamerikas, Asiens und Australiens.

Die Groppen in europäischen Flüssen wie der Loisach sind ohne die Schwimmblase keine besonders guten Schwimmer. Sie können sich nur mit ihren Flossen vorwärtsbewegen und deswegen nicht durch Rohre oder über Stufen schwimmen, wenn ihr Lebensraum kanalisiert wird. Tagsüber halten sich Groppen versteckt unter Steinen auf und verlassen erst in der Dämmerung ihren Unterschlupf. Sie gründeln nach Bachflohkrebsen, Insektenlarven, Strudelwürmern, kurzum nach allem, was im Sediment kreucht und fleucht, auch ihresgleichen, wenn eine kleinere Groppe in das Riesenmaul des hungrigen Fisches passt.

So ein kleiner und dazu noch schwimmplumper Fisch wie die Groppe ist natürlich selbst eine beliebte Beute und wird daher von Forellen gefressen. Die beiden so unterschiedlichen Fischarten teilen sich den Lebensraum in den kalten, sauerstoffreichen Flüssen der Alpen, doch Groppen findet man in allen möglichen Bächen und Flüssen von den Alpen über die Mittelgebirge bis ins Flachland.

Was machen sie wohl im Winter? Im Januar 2021 war die Loisach an der Kiesbank von Grund auf gefroren. Zuvor hatte es wochenlang nicht geregnet, das Wasser floss nur mühsam über die bereits modrig riechenden Steine. Es ging mir sogar an den Stellen nur gerade bis zum Knöchel, wie ich in Gummistiefeln feststellte, wo ich üblicherweise gar nicht daran denken könnte, die Loisach zu überqueren. Eine Woche später lag türkis-grünlich weißes Eis über dem Kiesbett, dünn floss klares Wasser darüber hinweg und hielt die Loisach im Fluss. In einer Kurve hatten sich Eisschollen übereinander geschoben, unter denen ich weitere Eislandschaften in Türkisgrün erblickte.

Groppen sind Zeigerarten für sauberes Wasser und gute ökologische Verhältnisse. Meine persönlichen Zeigerarten dafür, dass der lange Winter in den Alpen doch irgendwann endet, sind Frösche, Kröten und Molche. Sie sind meine Boten des Frühlings in den Zeiten, wenn der harsche Schnee im Auwald noch bis zum Oberschenkel reicht und den Weg an den Fluss behindert. Die Frösche, Kröten, Molche sind trotzdem unterwegs. Sie brauchen das Wasser in der tauenden Landschaft und jeden Sonnenstrahl für ihre Nachkommen. Sobald die Tümpel, Weiher, Kuhlen und anderen Wasserlöcher im März eisfrei sind, kommen die Grasfrösche und legen klumpenweise Laich in die Tümpel und flachen Wasserlöcher entlang der Loisach. Sehr beliebt bei den Fröschen sind die mit Wasser gefüllten Kuhlen auf einer Kuhwiese in der Aue, die sich mit Grundwasser, Schmelzwasser und vom Fluss hereinlaufendem Wasser füllen. Loisach-Wasser läuft am Rande der Kiesbank durch die Weidenbüsche und Bäume in eine Vertiefung der Wiese und bildet zu manchen Jahreszeiten einen richtigen Weiher mit metertief stehendem klaren Wasser. Anfang April hängt der Laich in dicken Bollen an einem ins Wasser gefallenen Ast. Eine Kreuzkröte sitzt in einer mit Wasser gefüllten Fahrspur am Waldrand in ihren Laichschnüren, und ich wundere mich, warum sie nicht bis in den nahen Tümpel gelaufen ist. In einer Kuhle sehe ich drei Teichmolche, die wie Skulpturen in einem Unterwasserreich stehen. Bewegungslos, schräg am Hang – und vielleicht warten sie nur darauf, dass ich endlich weitergehe und sie ihren Paarungstanz beginnen können. In einer wassergefüllten Kuhle am anderen Ende der Wiese entdecke ich einzelne Eier in Dottersäcken und kleine Laichhaufen. Am Boden laufen Krebse und anderes Wassergetier und verstecken sich im schlammigen Grund, als ich einen kleinen Stein hineinwerfe.

Ein paar Tage später sind vom Laich nur leere Dottersäcke übrig. Eierräuber waren da.

Vielleicht haben sich ja schon Kaulquappen des Grasfroschs in dem Weiher auf der Rinderweide entwickelt, denke ich und gehe am Fluss in Richtung Weide.

Ein hohes Ziepen, unaufhörlich und hell, zieht mich von dem verwachsenen alten Wirtschaftsweg entlang der Loisach ans Ufer. Kleine Vögel fliegen von den Zweigen der sich über den Fluss neigenden Erlen. Sehr kleine Vögel. Sie scheinen in der Luft auf und nieder zu hüpfen, setzen sich auf den schräg liegenden Buchenstamm, einer verschwindet zwischen den Zweigen einer Fichte, ein anderer auf der gegenüberliegenden Uferseite. *»Little brown birds«* denke ich, als ich den mir am nächsten sitzenden Vogel im Gegenlicht des grauen Apriltages anschaue. *Little brown birds*, wie Vogelbeobachter die kleinen braunen Sperlingsvögel nennen, deren Arten aufgrund ihrer Ähnlichkeit schwer zu unterscheiden sind, sind überall anzutreffen; mal fliegen sie vor einem auf oder blicken von den Zweigen im Park auf einen herab. Vorsichtig hebe ich mein Fernglas und sehe mir den kleinen Vogel auf dem Zweig eines kippenden Ahorns genauer an. Spitzer Schnabel, also ein Insektenfresser. Und wutsch, ist er weg. Aber auf der Buche sitzt noch einer und hüpft den Stamm entlang.

Das ist ja gar kein brauner Vogel, denke ich, als er sich dreht und das Licht anders fällt. Er ist grünlich, olivgrün. Und hat zwischen den grünen Brustfedern ein paar gelbliche Federn an

Brust und Hals. Ein anderer kommt herbeigeflogen; und die beiden hopsen auf dem Buchenstamm hin und her, fliegen auf, setzen sich auf einen Ast, dann auf einen Zweig, der aus einer in die Loisach gestürzten Baumkrone ragt und in den Wellen wippt. Die beiden scheinen mit dem Zweig auf den Wellen zu reiten. Ich setze das Fernglas ab, doch bevor ich nachdenken kann, wie die kleinen grünen Vögel heißen, fliegt ein weiterer aus dem Fichtendickicht auf mich zu und setzt sich nicht mal einen Meter vor mir auf einen Zweig einer im Winter umgeknickten Erle. Auge in Auge mit dem kleinen Vogel, sehe ich den dottergelben Scheitel und denke »Goldhähnchen«, als er sich quasi auf der Ferse umdreht und davonfliegt. Ein Wintergoldhähnchen, das mit seinen Nachkommen aus dem vergangenen Jahr noch im selben Revier lebt. Ich beobachte die Vögel noch eine Zeit lang, wie sie hin- und herfliegen, vor den Zweigen schwirren und in der Luft stehen, um zu prüfen, ob ein Insekt an einem Zweig entlangläuft. Wintergoldhähnchen ernähren sich von Insekten, Spinnen, kleinen, weichen Wirbellosen und fressen am liebsten Springschwänze, die sie von den Rinden der Bäume sammeln.

Und der Grasfrosch? Ist eh verschwunden.

Kapitel 2

Stadt, Land, Fluss – wo die Isar wild sein darf

Rotbraun heben sich die Huchen in der Strömung vom weißen Kies im Isarbett ab. Sie könnten als rostiger Zaunpfahl auf dem Grund des schnell fließenden Flusses durchgehen, wenn nicht dann und wann eine Schwanzflosse aus dem Wasser ragen würde. Zwei Huchen stehen zwei, drei Meter vom Ufer der Schotterbank am Münchner Stadtstrand Flaucher entfernt in der Isar, Schuppe an Schuppe, wie ich durch das klare Wasser zu erkennen meine. »Huchen fühlen am Bauch, ob der Kies groß genug zum Laichen ist«, sagt Jan Okusluk und schaut durch eine polarisierende Sonnenbrille auf die Tiere zu seinen Füßen im Wasser. Okusluk ist Isarfischer, was sein Beruf sein könnte, wenn es nach ihm ginge, wie er lachend unter einem grauen, ziemlich coolen Filzhut sagt; doch die Bezeichnung weist ihn nur als einen der glücklichen Angler in München mit Fischereibefugnis an der Isar aus. Die Gläser seiner Sonnenbrille brechen das Licht, wie ich feststelle, als er sie mir leiht. Ich sehe die Huchen scharf unter dem strömenden Wasser. Am schmalen Kopf zeichnet sich ein langes Maul ab, das bis zum centstückgroßen Auge reicht. Raubtiere. Gerade sind sie nicht mit der Nahrungssuche beschäftigt, sondern mit der Fortpflanzung.

Die »Isarfischer« haben Aufnahmestopp. Angeln ist Trendsport. Schon als Kind ist Okusluk fischen gegangen, heute erzählt er in einem Blog vom Fliegenfischen und bewacht mit anderen Anglern und wenigen Anglerinnen des Isarfischer-Vereins die Ufer der

Kiesinseln an der Isar zur Laichzeit des Huchen. Sie haben Schilder aufgehängt, die die Münchner über das Naturwunder Huchen in ihrer Isar aufklären. Das Ufer an den Laichplätzen haben die Isarfischer mit rotweiß gestreiftem Plastikband abgehängt. Da schnellt das achtzig, neunzig Zentimeter lange Huchenweibchen aus der Mitte ihres schlanken Körpers heraus um die eigene Achse, zeigt den weißen Bauch, peitscht mit der hinteren Körperhälfte den Kies, liegt für einen Moment rücklings im Wasser, schwappt zurück und steht schon wieder ruhig im Strom, als das kleinere Männchen über dem Kies hoffentlich das macht, was es soll: die im Kies liegenden Eier besamen. »Wenn da einer badet oder ein Hund durchläuft, ist es vorbei«, sagt Okusluk, der es an diesem Vormittag im April nicht länger in seiner Agentur ausgehalten hat. Im Schneeregen ist er schnell mit dem Rad an der Isar entlang bis zu den Kiesinseln am Flaucher gefahren, um nach den Huchen zu schauen. »So was muss man einfach schützen«, sagt er.

Die bis zu einem Meter fünfzig großen Huchen *(Hucho hucho)* sind mit den Forellen und Lachsen verwandt und stehen ganzjährig unter Schutz. Angeln verboten. Huchen sind vom Aussterben bedroht und in deutschen Flüssen so selten, dass das Bundesamt für Naturschutz sie in Kategorie eins für den naturschutzfachlichen Wert eines Flusses führt. Kategorie eins bedeutet »sehr hoch«; die staatlichen Naturschützer bemessen daran, welche Bedeutung die Erhaltung des Lebensraums hat, wovon dann auch alle anderen Arten profitieren. Der Naturschutzfachliche-Wert-Index hat fünf Kategorien von »sehr hoch« bis »sehr gering«. In Kategorie eins ist die Liste der Fischarten am längsten, denn den meisten Fischarten in deutschen Gewässern geht es schlecht. Neben den Huchen stehen die noch Anfang des zwanzigsten Jahrhunderts in allen Flüssen ihres Lebensraums vorkommenden Lachse und Europäischen Störe in Kategorie eins, aber auch spezialisierte Arten, die sich im Laufe der Evolution in einem bestimmten Gewässer entwickelt haben und ausschließlich dort vorkommen, wie der Ammersee-Tiefen-Saibling oder die Chiemsee-Renke.

Huchen leben und laichen nur in einigen wenigen Alpenflüssen, die zum Flusssystem der Donau gehören. So wie die Isar, die in Niederbayern in einem verzweigten Delta in die Donau mündet und aus dem Karwendelgebirge in den Alpen mit der Donau irgendwann im Schwarzen Meer landet. Huchen leben auch in der Donau – daher der Name Donaulachs. In ihrem Lebensraum einiger weniger Alpenflüsse fehlen die ständig mit sauerstoffreichem, kaltem Wasser überspülten Kiesflächen. Die Huchen, ebenso wie Äschen, Nasen, Bachforellen und andere Fischarten der Alpenflüsse, brauchen den Kies zum Leben. Der Kies ist die Brutkammer und Kinderstube der Fischlarven, wenn sie aus den Eiern geschlüpft sind. Die Hucheneier brüten sich in den Zwischenräumen zwischen den Kieseln aus, die daraus schlüpfenden Larven fressen in den Spalten zwischen den Steinchen erst ihren Dottersack, dann andere Fischeier, Kleinkrebse und Insektenlarven, die im sicheren und gut durchspülten Flussgrund leben. Doch in den meisten Flüssen aus den bayerischen Alpen fließt zu wenig Wasser, um natürlichen Schlick und Schlamm aus dem Kiesbett zu spülen. Das Feinsediment, wie die Gewässerkundler den Schmodder aus Lehm und Pflanzenresten nennen, verklebt die Lebensritzen von Fischen, Insekten und anderen Flusstierchen. Von Natur aus gäbe es genügend Wasser aus den Alpen, doch der Großteil wird wie aus der Isar alle paar Kilometer in Kanälen für Wasserkraftwerke abgeleitet. Der Fluss dient den Wasserkraftbauern nur mehr als sogenannte Restwasserstrecke. Das Flusswasser strömt durch die Ausleitungsstrecken, fällt durch Turbinen und gibt die Kraft für Energie. Oder die Flüsse werden wie der Lech alle paar Kilometer gestaut und plumpsen dann durch die Turbinen, damit aus der gewonnenen Energie irgendwo Strom wird. Isar, Loisach, Lech, Rißbach und die ganzen anderen Flüsse der Alpen werden in der

Europäischen Flora-Fauna-Habitat-Richtlinie als FFH-Lebensraumtyp »Alpine Flüsse« geführt und haben insgesamt in Bayern einen »schlechten Erhaltungszustand«. Wenn es dem Lebensraum schlecht geht, geht es den Lebewesen darin auch schlecht, und deshalb sind die Huchen in der Isar bei München eine natürliche Sensation. Ein Nummer-1-Hit.

Auch Nasen leiden unter Verschlammung

»Die spezialisierten Arten mit komplexen Lebenszyklen sind besonders gefährdet«, sagt Professor Jürgen Geist, der das Institut für Aquatische Systembiologie der TU München in Freising an der Moosach leitet. Da der Mensch die Gewässer so stark verändert habe, könnten sich Fischeier nicht entwickeln, erzählt Geist bei einem Rundgang zwischen Reusen, Booten und Bottichen, in denen handspannengroße Äschen und junge Störe schwimmen. In einem Kunststoffbecken stehen hundertsiebzig unterarmlange Huchen Flosse an Flosse unter den automatischen Fütterungsklappen. Huchen sind eigentlich Einzelgänger und sichern sich in einem Fluss ein Revier mit Verstecken unter toten Bäumen, Uferüberhängen oder Brückenpfeilern, wo sie am Rande der Strömung in Ruhe stehen und mit einem Flossenschlag hervorpreschen, wenn sie einen Fisch oder einen kleinen Wasservogel als Beute ausmachen. Die hundertsiebzig Huchen in Professor Geists Bottich warten darauf, dass Futter herausfällt. »Wenn es weniger wären, dann würden sie Territorien bilden«, sagt Geist, und das geht in dem Becken natürlich nicht.

Die Flüsse gestaut, das Abwasser aus Kläranlagen chemisch belastet, die Ufer versiegelt, zählt Geist die Gründe des Fischverschwindens auf. Und der Sand und Boden, den der Regen als

Feinsediment in die Flüsse spült, weil Menschen immerzu im Erdreich wühlen. Der ganze Schmutz verstopft die Nischen und Ritzen zwischen den Kieseln und Sandkörnern auf dem Flussgrund. Siebenundsiebzig Prozent der Wanderfischarten in Deutschland sind offiziell in mäßig bis schlechtem Zustand. Siebenundfünfzig Prozent der heimischen Fischarten stehen auf der Roten Liste bedrohter Tierarten. Sechsunddreißig Prozent der Süßwasserfischarten in Deutschland gelten als bestandsgefährdet oder bereits ausgestorben. In den Flüssen fehle den Jungfischen das »vielfältige Mosaik an Lebensräumen«, sagt Professor Geist im Anorak, aber ohne Mütze auf den blonden Stoppelhaaren, obwohl es in Strömen regnet. Er zeigt auf zwölf künstliche Flussbetten aus Holz und Plastikplanen. Mal fließt dort Wasser der Moosach aus Schläuchen über Kies, mal über Schotter oder feinen Sand, mal breitet sich Schlick in den Kästen aus, mal liegen Algen und schlieriges Feinsediment in den fünfzig Zentimeter breiten Versuchsflüssen. In den künstlichen Flussbetten hat einer der Studierenden von Professor Geist herausgefunden, dass selbst die Nasen unter der Verschlammung leiden. Nasen *(Chondrostoma nasus)* tragen ihren Namen, weil ihr Oberkiefer wie eine Stupsnase aussieht. Sie raspeln Algen von Steinen im Fluss und sorgen so dafür, dass der Kies schön locker bleibt, sich kein Faulschlamm bildet und die ganzen kleinen Hohlräume und Ritzen am Flussgrund erhalten bleiben, in denen die Larven von Huchen bis Eintagsfliegen heranwachsen. Da die Nasenweibchen ihre zusammengeklebten Eier tief in zuvor mit der Schwanzflosse gelockerten Kiesbetten ablegen, galten die Naseneier bisher als unbeeinflusst von Schlick und Kolmation, wie die Gewässerkundler sagen. Seit Sommer 2020 weiß die Wissenschaft, dass das eine falsche Annahme war. Die Nasenlarven wühlen sich, nachdem sie geschlüpft sind, tiefer in den Kies, um dort ungestört von ihrem Dottersack zu zehren und als Jungfisch wieder hervorzukommen. Durch den Schlick gelangen sie jedoch nicht tief genug und können sich nicht gut entwickeln. Oder sie kommen nicht schnell genug wieder aus dem verstopften Kies nach oben in den Fluss, tauchen nur langsam und einzeln auf, statt im Schwarm alle zusammen, um Räuber zu verwirren. Einzeln sind sie leichte Beute.

Die Alpenflüsse brauchen mehr Wasser, damit Tiere, Pflanzen und der Lebensraum Fluss überleben. Doch Wasserkraft ist in Bayern, was die Kohlekraftwerke für Nordrhein-Westfalen sind. »Ein sehr emotionales Thema«, wie Geist sagt, der sich erinnert, dass ein Dialog zur Befriedung der Gemüter über die Wasserkraft um 2011 herum wegen »verhärteter Positionen gescheitert ist«. Die Betreiber der kleinen Wasserkraft konnten nicht einmal professionell moderiert mit Wissenschaftlern und Umweltpolitikerinnen reden. »Das wäre jetzt anders«, sagt Geist. »Jetzt haben wir belastbare Daten und können in die Diskussion einsteigen.« Das Bayerische Landesamt für Umwelt hatte Jürgen Geist 2014 beauftragt, die Auswirkungen der Wasserkraftanlagen auf Fische zu untersuchen. Sechs Jahre lang hat er mit einem Team von Gewässerökologinnen und Fischbiologen erforscht, wie Fische durch die unterschiedlichen Turbinentypen in Wasserkraftwerken an mehreren bayerischen Flüssen kommen. Am meisten hat ihn überrascht, dass selbst moderne und mutmaßlich fischfreundliche Anlagen die Fische verstümmeln, zerquetschen und töten. »Die Sterblichkeit liegt zwischen sieben und siebzig Prozent«, sagt Geist, der sowohl Huchen und Äschen durch die Anlagen schickte als auch künstliche Fische mit Chip und deswegen am Computer sehen kann, wie die Tiere in den Turbinen herumgewirbelt werden. Die echten Fische hatten oft gebrochene Gräten, wenn Geist sie nach der Passage wieder aus dem Wasser fischte. Oder Blasen in den Augen, die ihm zeigten, dass die Tiere unter starkem Druck in den Turbinen gelitten hatten. Die Schwimmblasen waren mal zusammengeklappt oder geplatzt. Je schneller sich die Turbinen drehten, je tiefer die Fische fielen, desto mehr starben. Da Fische mit der Hauptströmung schwimmen, sind viele der Fischtreppen und anderen menschlichen Hilfskonstrukte wirkungslos. Auch Rechen vor den Turbinen helfen nur selten – die meisten Fische sind schmaler als die Zwischenräume zwischen den Metallstäben und quetschen sich zwischen den Stäben hindurch.

4268 Wasserkraftwerke stauen in Bayern die Flüsse. Rund viertausend der Anlagen sind so klein, dass sie zusammen nicht mehr als neun Prozent des bayerischen Stroms aus Wasserkraft erzeugen, aber Tausende Bäche und Flüsse stauen. Die Betreiber der Kleinwasserkraftanlagen sind politisch bestens vernetzt. Die Bundestagsabgeordneten Georg Nüßlein (seit dem Corona-Maskenskandal nicht mehr in der CSU) und Peter Ramsauer (CSU) haben »stets ein offenes Ohr für die Anliegen von uns Wasserkraftwerksbetreibern«, schreibt der Verband der Bayerischen Wasserkraftwerke in einem Rundschreiben Anfang 2021. Die beiden CSU-Lobbyisten sorgten im Dezember 2020 dafür, dass die Kleinwasserkraftbetreiber nach der Novelle des Erneuerbare-Energien-Gesetzes drei Cent mehr pro Kilowattstunde aus der Staatskasse erhalten.

Doch ob große oder kleine Anlagen, starke Flüsse wie die Isar oder kurze wie die Obernach – der Freistaat Bayern muss bis 2027 dafür sorgen, dass die Flüsse in »ökologisch gutem Zustand« sind. Bayern muss in den nächsten Jahren ebenso wie alle anderen Bundesländer die EU-Wasserrahmenrichtlinie umsetzen, die vor allem ein Ziel hat: den Lebensraum von Fischen wiederherzustellen. An Tausenden Flüssen mit kleiner Wasserkraft tut sich die Bayerische Landesregierung bislang schwer, dem Druck der Wasserkraft-Lobbyisten zu widerstehen. So hat das Bayerische Umweltministerium jahrelang einen Mindestwasserleitfaden verschleppt, der das ökologisch notwendige Restwasser in Zeiten des Klimawandels nach wissenschaftlichen Kriterien in den Flüssen regelt.

Eine einzigartige Chance, die EU-Wasserrahmenrichtlinie und eine Reihe von Naturschutzgesetzen umzusetzen, bietet sich der Bayerischen Landesregierung an Isar, Rißbach und anderen Wildflüssen in den Alpen rund um das Walchenseekraftwerk. Die Erbauer des Kraftwerks zwischen Walchensee und Kochelsee schufen aus den Flüssen ein ganzes System von Gräben, Kanälen, Zu- und Ableitungen in den Alpen, das sich bis weit in die Ebene vor München auswirkt. Es mischt Isar mit Loisach, führt Isarwasser durch die Obernach in den Walchensee, legt mächtige Wildflüsse wie den Rißbach fast alle Tage des Jahres trocken. Bislang wird das Wasser der Flüsse vollständig oder zum größten Teil in Kanälen für das Walchenseekraftwerk abgeleitet. 2030 läuft die Konzession für den Kraftwerksbetrieb mit den Flusswassern ab. Bis dahin hält das Energieunternehmen Uniper die Konzession, das 2021 bereits einen Antrag für den Weiterbetrieb beim Bayerischen Umweltministerium gestellt hat. »Voraussetzung für eine neue Zulassung ist, dass die Belange der EU-Wasserrahmenrichtlinie im wasserrechtlichen Verfahren angemessen berücksichtigt werden«, schreibt mir das Bayerische Umweltministerium auf Anfrage. Bislang vernachlässigt der Freistaat die Umsetzung der EU-Wasserrahmenrichtlinie an Isar und Rißbach rund um das Walchenseekraftwerk. Die Richtlinie schreibt vor, dass Flüsse in »gutem ökologischen Zustand« sein müssen. Späteste Frist ist 2027. Das Umweltministerium will sich diese Zeit nehmen: »Die wichtigsten fachlichen Grundlagen, die im wasserrechtlichen Verfahren eingebracht werden, sollen in den kommenden zwei bis drei Jahren erarbeitet werden.«

Druck auf die Bayerische Staatsregierung wollen dreizehn Organisationen von WWF und BUND bis hin zum Bayerischen Fischereiverband und den Kommunen der »Notgemeinschaft Rettet die Isar jetzt« machen. »Wir wollen, dass die Natur zu ihrem Recht kommt und die Gesetze eingehalten werden«, sagt Norbert Schäffer, Vorsitzender des Bayerischen Landesbunds für Vogelschutz (LBV) und ebenfalls Mitglied des Bündnisses. Sie wollen mitbestimmen, wer die Umweltverträglichkeitsprüfung für die Neukonzession durchführt. Bislang spielen ökologische Zusammenhänge aus dem Leben so seltener Arten wie der Gefleckten Schnarrschrecke oder der Deutschen Tamariske keine Rolle bei der Bemessung der Wassermenge in den Flussbetten. Und die dreizehn Vereine haben schlechte Erfahrungen mit dem »Drehtür-Ministerium« gemacht, wie Schäffer sagt – »die Lobby der Wasserkraft war immer zentral.« Die Naturschützer, Bürgermeister, Fischereivertreter im Bündnis – und das generische Maskulinum reicht hier aus – wollen mehr Wasser in Isar, Rißbach und den anderen Flüssen.

Das Kraftwerk soll auf jeden Fall weiter bestehen, da sind sich alle Verbände einig. Aber: »Das Restwasser muss wissenschaftlich festgelegt werden«, sagt Karl Probst, Vorstand des kommunalen Vereins »Rettet die Isar jetzt«, der seit 1974 für das Wasser in der Isar am Oberlauf in den Alpen kämpft. Wir haben uns an der Mündung vom Rißbach in die Isar getroffen, denn Probst will mir die trocken daliegenden Flussbetten und das Rinnsal der Oberen Isar zeigen. Der Verein hat es in jahrelanger und zermürbender juristischer und politischer Kleinarbeit geschafft, dass der Bayerische Landtag 1990 beschloss, dass im Isarbett zwischen Krün und dem zwanzig Kilometer entfernten Sylvensteinspeicher überhaupt wieder Wasser fließt. Zuvor blieb der Schotter im Flussbett dreihundertzwanzig Tage im Jahr trocken. Nur bei Hochwasser öffnete der damalige Kraftwerksbetreiber die Schotten. Seit 1990 muss dieser 4,8 m^3 Wasser/Sekunde im Sommer und drei m^3 Wasser/Sekunde im Winter in der Isar fließen lassen. Zu wenig, damit sich der laut FFH-Richtlinie geschützte Lebensraumtyp »Alpine Flüsse« entwickeln könnte. Oder damit der ebenfalls nach der Flora-Fauna-Habitat-Richtlinie geschützte Huchen in seinem natürlichen Lebensraum leben könnte. »Der ist weg, Nasen san a weg«, sagt

Probst über die einst in großen Schwärmen in der Isar lebenden Fische. Er ist in Lenggries an der Isar aufgewachsen und geht noch immer gerne fischen, wenn er mal Zeit hat. Probst ist Zahnarzt, saß für die SPD im Kreistag und im Gemeinderat.

Was vom Fluss übrigbleibt

»Wir sind kompromissbereit«, sagt Theodoros Reumschüssel, Pressesprecher Wasserkraft Deutschland von Uniper, den ich im Kraftwerk Walchensee treffe. Als Kommunikator auf allen Ebenen hält er den Kontakt zu den Bürgermeistern entlang der Flüsse, spricht mit den Naturschützern und den Beamten im Wirtschaftsministerium in München, mit den Fischereiverbänden und mit Karl Probst. Uniper würde laut Reumschüssel auch eine Studie über ökologisches Restwasser bezahlen, um »schnell zu einem Kompromiss zu kommen«, wie er mir im März 2021 erzählt. Eine schnelle Einigung und eine langfristige Genehmigung sichern die Investitionen und die Rendite aus dem Walchenseekraftwerk, das seit 1924 zuverlässig und gewinnbringend arbeitet.

»Das Walchenseekraftwerk ist eine ältere Dame«, sagt Reumschüssel und macht eine Pause, geübt darin, das komplexe Kraftwerkssystem auch Laien verständlich zu machen. »Eine ältere Dame mit einer weitverzweigten Verwandtschaft.« Reumschüssel lässt den Blick über einen locker zwölf Quadratmeter großen Schaukasten schweifen, in dem das Walchenseekraftwerkssystem in Spielzeugeisenbahnformat nachgebaut ist. Vom Kochelsee schaut er die sechs grünen Rohre des Druckwasser-Kraftwerks hinauf zum Walchensee. Am südlichen Seeufer erhebt sich das Karwendelgebirge, zwischen den zweitausendfünfhundert Meter hohen Bergen windet sich der Rißbach. Kurz hinter der österreichisch-deutschen Grenze wird der Rißbach knapp zwei Kilometer vor seiner Mündung in die Isar gestaut. Er verschwindet in einem Tunnel, denn das komplette Wasser wird seit 1949 im 3650 Meter langen Grasbergstollen und im 3300 Meter langen Hochkopfstollen unterirdisch unter der Isar hindurchgeleitet und speist das Niedernach-Kraftwerk am Südostufer des Walchensees. Nur bei Hochwasser wie im Juli 2021 öffnet Uniper die Schleusen. Auf dem unterirdischen Weg in das Niedernach-Kraftwerk fließen außerdem das Wasser aus dem Fischbach und dem Alpenbach in den Tunnel. Die Bezeichnung »Bach« für ein Fließgewässer in den Alpen kann Flachländerinnen wie mich verwirren, denn bei Bach denke ich an einen schmalen, flachen Wasserlauf, über den ich gerade noch springen kann. In den Alpen kann ein Rißbach ein Flussbett von zweihundert Metern Breite haben und das bei Hochwasser auch ausfüllen. Die Endung »-ach« kommt noch vom Lateinischen *aqua*, Wasser, ebenso wie die Bezeichnung Ache. Manche Flüsse in den Nordalpen sind auch heute nach dem *aqua* benannt, wie die Tiroler Ache oder die Berchtesgadener Ache.

Am Südwestufer des Walchensees haben die Kraftwerkserbauer in den 1950er-Jahren das Obernach-Kraftwerk erbaut. Dort fallen Wasser der Obernach und der Isar durch die Turbinen. Auch die Isar kommt als gezeichnetes blaues Band in dem Schaukasten aus dem Karwendel heran, die Loisach fließt in den siebzig Meter tiefer liegenden Kochelsee. Haben sie das Kraftwerkssystem passiert, laufen Isar und Loisach bis nach Wolfratshausen im Alpenvorland, streichholzgroße Strommasten ziehen sich durch die alpenländische Miniaturlandschaft bis ins Schotterfeld der Münchner Ebene. »Die Verwandtschaft oder das Kraftwerkssystem beginnt am Wehr in Krün«, sagt Reumschüssel, drückt einen Knopf am Rande des Schaukastens, und eine winzige Lampe leuchtet tief in den Alpen am Stausee einer blau gemalten Isar bei der Ortschaft Krün.

In Krün leitet Uniper den Großteil des türkisgrün schimmernden Isarwassers in ein Betonkorsett. Hier ist die alte Dame knausrig und lässt nur drei bzw. 4,8 m^3 Wasser/Sekunde im Flussbett. Dennoch mehr als zwischen 1924 und 1990: Während der Jahrzehnte floss an mehr als dreihundertzwanzig Tagen im Jahr gar kein Wasser durch das Obere Isartal zwischen Krün und Vorderriß. Die von Karl Probst erstrittene Wasserverringerung 1990 hat die Kilowattstundenausbeute im Walchenseekraftwerk um fünfzig Millionen Kilowattstunden im Jahr geschmälert. Doch das der Isar überlassene Restwasser reicht für das natürliche Ökotop am Alpenfluss nicht aus.

Lavendel- und Purpurweiden verbuschen die Schotterinseln, Fichten breiten sich in der Au aus, wo Schneeheide und Kiefern wachsen sollten. Es fehlt die Wasserkraft der Zerstörung, die das Ökosystem ermöglicht, das die Natur in den Alpenflusstälern einst schuf. Natürliche Alpenflüsse wie die Isar winden sich durch breite Täler, schieben Steine und Kiesel von den Gletschern hinab, fließen klar und türkisgrün, schwellen während der Regen und der Schneeschmelzen zu schlammigen Strömen, reißen Weidengebüsch von den Ufern und Schotter von den Bänken. Die Flüsse wechseln mit den Hochwassern ihren Lauf vom linken zum rechten Ufer, türmen Steine, wo zuvor der Enzian auf dem Magerrasen blühte. Die Harmonie der Alpenflüsse liegt in der Zerstörung, erst der ewige Wandel verschafft den an dieses Ökosystem angepassten Tieren und Pflanzen wie dem Grasnelkenhabichtskraut oder der Gämskresse einen sicheren Lebensraum. Noch grünt im kargen Kiesbett der Isar unscheinbar und weltweit einzigartig die Deutsche Tamariske, die sich an Hitze, Dürre und Kälte in den Schotterritzen angepasst hat. Der seltene Flussregenpfeifer brütet auf dem Kies, die Gefleckte Schnarrschrecke hat auf den Geröllhalden der Isar einen ihrer letzten Lebensräume in Deutschland. Seit 1924 stehen die Obere Isar und das Karwendel unter Naturschutz. Die

Obere Isar ist die letzte alpine Wildflusslandschaft in Deutschland und steht seit dem Jahr 2000 unter dem Schutz der Fauna-Flora-Habitat-Richtlinie und der Europäischen Vogelschutzrichtlinie. Mehr staatlicher Naturschutz geht nicht. »Trotz verschiedener wasser- und energiewirtschaftlicher Eingriffe zählen ihre Auen bis heute zu den naturschutzfachlich wertvollsten Flächen des Nordalpenraums«, schreiben Isabell Juszczyk vom Aueninstitut am Karlsruher Institut für Technologie und Kollegen. Juszczyk und vier weitere Auen-Wissenschaftler aus Deutschland und Österreich haben die »Auswirkungen der Ausleitung der Oberen Isar auf die Auenvegetation« in einer gleichnamigen Studie untersucht. Sie konnten sich dabei auf eine vollständige Zeitreihe von 1923 bis 2006 über die Auswirkungen der Bewirtschaftung stützen. Außerdem existiert eine Kartierung von 2016, also eine wissenschaftliche Bestandsaufnahme der Pflanzen an der wassergeminderten Oberen Isar. Die vier Wissenschaftler haben festgestellt, dass die Isar seit dem kontinuierlichen und spärlichen Wasserzufluss ab 1990 »ihr Hauptgerinne nicht mehr wesentlich verändert hat«. Nur noch entlang der immer in derselben Rinne fließenden Isar lagern sich Steine und Geröll um, sodass allein dort die krautigen Pionierpflanzen und die anderen Schotterbanklebewesen den für sie idealen Lebensraum finden. »Selbst Spitzenhochwasser haben nicht mehr die Kraft, die auf Feinsedimenten rasch aufwachsenden Gebüsche in größerem Umfang abzutragen«, schreiben die Wissenschaftler. Sie fordern, dass sich das ganz schnell ändern muss. Von anderen Flüssen der Nordalpen wisse man, was passiert: Ohne Steine, Geröll und Wassermassen komme es zum »irreversiblen Verlust der charakteristischen Lebensräume und Arten von Wildflusslandschaften«.

Ab dem Wehr in Krün fließt der energiewirtschaftlich genutzte Teil der Isar durch einen Betonkanal in den Sachensee, aus dem fünfhundert Liter pro Sekunde in den Obernachkanal und die

Obernach fließen und schließlich im Walchensee münden. Damit die Seeforelle aus dem Walchensee zu ihrem Laichgebiet in der Obernach wandern kann, hat Uniper 2012 sieben Querbauwerke abgebaut, und der Fluss mutet seitdem wieder natürlich an. Die Mindestwasserabgabe an die Obernach stärkt die Natur und schmälert den Energiegewinn um 2,5 Millionen Kilowattstunden im Kraftwerk Obernach, das Reumschüssel per Knopfdruck kurz erleuchtet. Aus dem Sachensee saust nämlich der Großteil des Isarwassers durch Rohre in die Turbinen des Obernach-Kraftwerks, und erst dann speist das Isarwasser den Walchensee. Reumschüssel weist gern darauf hin, dass Uniper das Wasser der Isar im Walchenseekraftwerkssystem immerhin dreimal nutzt. Von Natur aus hatte die Isar sich nach der letzten Eiszeit vor elftausend Jahren ein Tal weiter südlich gesucht, eben dort, wo das Wasser fehlt und die Aue verbuscht. Die Isar ist von allein nie durch den Walchensee geflossen. In den wilden Bergen rund um die Obere Isar würde auch der wasserreiche Rißbach in die Isar sausen, doch wird er an fast allen Tagen des Jahres durch Rohre in das Kraftwerk Niedernach am Ostufer des Walchensees umgeleitet. Reumschüssel erhellt mit einer Leuchte auch diese Kraftwerksverwandtschaft.

Nun tritt die ältere Dame Walchenseekraftwerk auf. Aus dem achthundertzwei Meter hoch gelegenen Walchensee fließt das um Isar- und Rißbachwasser ergänzte Walchenseewasser durch einen künstlichen Tunnel quer durch den Berg in ein Wasserschloss oberhalb des zweihundert Meter niedriger liegenden Kochelsees. Das Wasserschloss hat nichts mit einer Burg am Alpenabhang zu tun, sondern ist ein hochhausgroßer Zweckbau aus den 1920er-Jahren mit ebenso großen Wasserbecken. Darin sammelt sich das Wasser aus dem Walchensee und saust von dort in einem Schwung durch sechs gigantische Rohre hinab, treibt Turbinen an, gibt Kraft für erneuerbare Energie und trudelt schließlich durch einen Kanal in den Kochelsee. Generatoren gewinnen daraus dreihundert

Millionen Kilowattstunden im Jahr. Da das Walchenseekraftwerk ein Speicherkraftwerk ist, kommt die Wasserkraft immer dann zum Einsatz, wenn auf einen Schlag viel Strom gebraucht wird. Zum Beispiel für die Deutsche Bahn. »Wenn die Bahn gleichzeitig einen ICE in Hamburg, Köln und Berlin losschickt, dann wackelt die Kaffeetasse im Büro«, sagt Reumschüssel, der ein Büro im Gebäude über dem Wasserauslauf des Kraftwerks hat. Nach der Besichtigung trinken wir dort einen Kaffee, der leicht im Becher vibriert, wenn er auf dem Besprechungstisch steht.

Der grüne Strom für die Deutsche Bahn hat einen ökologischen Preis. »Der Isar fehlt die Dynamik, der Rißbach ist eine Totstrecke«, sagt Karl Probst, während wir im dreihundert Meter breiten Schotterfeld an der Mündung vom Rißbach in die Obere Isar stehen, mitten im FFH-Gebiet und Naturschutzgebiet. Schnee bedeckt Kiesel und Steine im Rißbachbett, kein Wasser fließt Mitte April 2021. Vier Kilometer oberhalb dieser wüstenartigen Landschaft rauscht der klare Rißbach über kalkreiche Steine, die das Wasser türkisgrün scheinen lassen. Dann kommt ein Wehr. »Und in dem Loch verschwindet's«, sagt Probst oberhalb des kleinen Stausees und deutet auf den dunklen Eingang zu einem Tunnel. Ein Verwandter des Walchenseekraftwerks, den ich schon in dem Schaukasten mit der Alpenlandschaft im Spielzeugeisenbahnformat gesehen habe. Bei starken Hochwassern wie im Juli 2021, wenn Steine, Äste, ja, ganze Baumstämme mit dem Rißbach aus den Alpen rauschen, öffnet Uniper die Schleusen, und der Rißbach macht, was sein Name verspricht. Das Wasser füllt das gesamte Schotterfeld aus, rauscht in orgiastischer Freiheit zu Tal, reißt Grünzeug und Steine mit sich und mündet bei Vorderriß in der Isar. Mitte April rauscht und reißt nichts unterhalb der Sperre. »Wenn man da aufgewachsen ist, hängt man dran«, sagt Probst und schaut über die Flusslandschaft im Hochgebirge. Er wünscht sich Wasser in den Alpenflüssen, denn was ist ein Fluss ohne Wasser? Da immerhin ab und zu der Rißbach sein eigenes Flussbett durchspült und dann ab der Mündung auch die Obere Isar mit Steinen, Ästen, Wasser auffüllt, sorgen die Hochwasser im Isarbett für die notwendige Verlagerung der Sedimente. Die ökologische Harmonie der natürlichen Zerstörung erhält den Wildfluss Isar zwischen Vorderriß und dem Sylvensteinspeicher. Genauer gesagt zwei Kilometer vor dem Sylvensteinspeicher, denn dort fängt ein Damm das Geröll, die Kiesel und den Sand, die aus dem Flussbett gerissenen Weiden und vom Ufer gespülten Buchen auf. Dieses »Geschiebesperre« genannte Bauwerk verhindert, dass das ganze Geschiebe im Sylvensteinspeicher landet und das künstliche Gewässer auffüllt. Ein Fluss braucht Geschiebe, nicht nur die Isar, auch alle anderen Flüsse sind auf Steine, Sand, Kiesel angewiesen, damit sich das Sediment im Flussbett erhält. Doch nur, wenn ausreichend Wasser durch den Fluss fließt, verteilen sich die Steine und der Sand im Lauf des Flusses mit der Strömung und bilden die Nischen, Kiesbetten und Schotterbänke, an die sich Fische, Insekten, Vögel, Pflanzen angepasst haben. Um das Flussbett der Isar auch unterhalb des Sylvensteinspeichers zu erhalten, schaufeln Bagger das Geröll aus der Geschiebesperre auf Lastwagen, fahren die Steine und Kiesel um den Sylvensteinspeicher herum und schütten das Gefahrene dahinter wieder in die Isar.

Weltstadt mit Wildfluss

Tagelang schlagen die Huchen am Flaucher in der Isar in München Kuhlen in den Kies, um Eier abzulegen. Je nach Gewicht legen die Huchenweibchen zweitausend bis fünfundzwanzigtausend Eier. Dreißig bis vierzig Tage nach der Eiablage schlüpfen daraus Larven. Wenn alles gut geht, entwickeln sich einige Larven zu Jungfischen, die heranwachsen und den Bestand der Huchen in der Isar erhalten. Die Kiesel am Flaucher und den anderen Schotterbänken zeugen davon, dass die Isar sich trotz all der Rohre, Kanäle und Wehre wieder zu einem natürlichen Fluss gewunden hat. Obwohl nur ein Teil des Wassers durch München fließt, denn der Großteil des kostbaren Flusses wird bei Icking ein paar Kilometer vor München in den Isarkanal abgezweigt und durch Wasserkraftwerke und Kanäle wie den beliebten Eisbach im Englischen Garten und den Glockenbach in der Münchner Innenstadt geleitet. Dennoch reicht das Isarwasser im Flussbett für ein bisschen Wildfluss in der Weltstadt mit Herz, wie die Münchnerinnen und Münchner ihre Stadt gern nennen. Und die Isar, die lieben sie besonders.

In den 1990er-Jahren begann die Stadt, die Isar auf einer acht Kilometer langen Strecke zwischen der Großhesseloher Brücke und dem Stadtzentrum zu renaturieren. Mehr Ufer, mehr Schotterbänke, mehr Platz sollte die Isar haben, damit die Flusskrebse, Schnecken, Strudelwürmer, Köcherfliegen, Eintagsfliegen sich ordentlich vermehren und die Huchen, Forellen, Äschen einen Lebensraum haben. Auch wenn sie von den Isarfischern ausgesetzt wurden und immer noch werden, denn von allein wären die beliebten Fische nicht wiedergekommen. Jedes Jahr setzen die Freizeitangler unterarmlange Regenbogenforellen an mehreren Stellen an der Isar im Stadtgebiet aus, zweihundertfünfzig Tonnen Fisch, und wenn sie Glück haben, fischen sie die Hälfte wieder raus. Die Huchen erhalten sich in der Millionenstadt München von allein, was einzigartig im Verbreitungsgebiet des Fisches ist. Dennoch: An der Isar wie auch an den anderen bayerischen Flüssen von der Ammer bis zum Saubach setzen die Fischereiverbände Jahr für Jahr junge Fische in den Flüssen aus. Denn nicht nur Huchen, Nasen, Bachforellen könnten sich von Natur aus in vielen der von ihnen einst besiedelten Flüsse nicht mehr von allein vermehren. Auch der Bestand an Äschen ist seit den 1980er-Jahren derart zurückgegangen, dass in den Flüssen der sogenannten Äschenregion nur der jährliche Besatz mit Jungfischen noch den Namen rechtfertigt. Nach der klassischen Einteilung der Fischerei- und Flussexperten schließt sich an die Forellenregion in den kalten, sauerstoffreichen Flussoberläufen im Flachland die Äschenregion in den sommerkalten und immer noch sauerstoffreichen, schnell fließenden Flussgebieten an. Nach der reinen Lehre müssten also in der Isar in München, davor und darüber hinaus Äschen *(Thymallus thymallus)* leben. Das tun sie auch, aber eben nicht von allein. Der Umbau der Isarufer zu einem natürlicheren Fluss hilft den Äschen, die ebenso wie andere Fischarten aus der Lachsfamilie den Kies zum Laichen brauchen. Äschen stehen gern am Ufer, unter herabhängenden Soden oder in den Fluss gefallenen Bäumen und Ästen. Sie sind sehr empfindlich, was die Qualität des Wassers angeht, doch obwohl sich die Wasserqualität der bayerischen Alpenflüsse seit den 1970er-Jahren extrem verbessert hat, werden die Äschen immer weniger.

Ohne die natürlichere Isar nach der Renaturierung hätten auch die Bachschmerlen und die anderen kleinen, am Grund lebenden Fischarten keine Chance gehabt. Sogar die Mühlkoppe ist im Münchner Stadtgebiet als FFH-Art anerkannt.

Ganz von allein kamen die Gänsesäger, bei den meisten Anglern ebenso unbeliebt wie der Kormoran oder der Graureiher. Gänsesäger fressen Fische, Biologen gehen von mindestens hundertsechzig bis zweihundertdreißig Gramm am Tag aus, wobei in Studien realistischere vierhundert Gramm Fisch im Durchschnitt pro Tag angegeben werden. Zum Vergleich: Der deutlich größere Kormoran *(Phalacrocorax carbo)* benötigt fünfhundert Gramm Fisch am Tag. Gänsesäger sind größer als ihre Verwandten unter den Enten, wie zum Beispiel die oft auch auf Parkteichen schwimmenden Stockenten. Als ich mich Mitte April am Flaucher rumtreibe, landet ein Gänsesäger im Prachtkleid mit schwarz-grün schimmerndem Federkopf auf der teichartigen Wasserfläche unterhalb des Wehrs. Und gleich darauf saust auch das Weibchen heran, mit rostrotem Vokuhila, vorne kurz, hinten lang. Keine andere Vogelart dieser Größe im Alpenraum hat einen rostroten Schopf mit langen Federn, die nach dem Tauchen nass am Kopf anliegen und im Nacken fransen. Die trockenen Kopffedern der Weibchen flattern als ansehnliche Federmähne.

Gänsesäger *(Mergus merganser)* gehören in die Gattung Säger und zur Familie der Entenvögel, sie sind also mit Schwänen, Gänsen und Enten verwandt. Sie gründeln jedoch nicht wie manche Enten oder grasen wie die Gänse. Gänsesäger jagen unter Wasser und packen mit scharfen Zähnen kleine Fische, die im freien Wasser schwimmen oder sich unter Steinen und in Ritzen verbergen. Immer wieder tauchen die Gänsesäger in dem strudelnd schnellen Wasser unterhalb des Flaucherwehrs ab. Manchmal kann ich einen der Vögel an flacheren Stellen gerade noch als dunklen Schatten unter Wasser wahrnehmen und sehe, wie er sich mit der Strömung bewegt. Und plopp, taucht der Gänsesäger wieder auf. Und da der andere. Entweder, die beiden haben nichts gefangen, oder sie schlucken die Fische unter Wasser. Jedenfalls habe ich sie nicht mit einem Fisch im Schnabel auftauchen sehen. Zwei Biologen im Auftrag des Bayerischen Landesamts für Umwelt haben die Mageninhalte von sechsunddreißig Gänsesägern von Ammer, Mangfall, Inn, Isar, Donau und Starnberger See untersucht. Zehn Vögel waren tot aufgefunden worden, sechsundzwanzig Vögel wurden für die wissenschaftliche Untersuchung geschossen. Nach erprobten wissenschaftlichen Verfahren aus der Kormoran-Forschung haben die Biologen Bernd-Ulrich Rudolph und Josef Trauttmansdorff aus dem Magen gepfriemelt, was die Gänsesäger vor ihrem Tod gefressen hatten. Insgesamt fanden sie 521 Fische aus vierzehn verschiedenen Arten. Etliche Fische waren noch ganz, andere schon im Stadium der Verwesung. Die ganzen Fische waren im Mittel

8,4 Zentimeter lang, wobei Gänsesäger alle Fischchen zwischen drei und dreiundzwanzig Zentimetern fressen können. Die Gänsesäger in schwedischen Fjorden würgen auch Junglachse mit dreißig Zentimetern Länge herunter, wenn sie sie schnappen. Die Äschen in den Mägen der bayerischen Gänsesäger waren im Durchschnitt 10,9 Zentimeter lang, was deutlich macht, dass es einsömmerige Jungfische waren. Äschen wachsen im ersten Jahr bis auf zehn, zwölf Zentimeter heran. Im Jahr darauf sind sie schon doppelt so lang. Jungfische, egal ob Äsche oder nicht, sind naturgegeben in einem Gewässer die meisten Fische. Sie sind auch am leichtesten zu erbeuten, da sie langsamer sind, unerfahren, kleiner und leichter. Schon allein deshalb fressen Gänsesäger weniger ältere Fische – sie sind zu stark, zu schnell, kennen die Verstecke und die Tricks. Doch die seltenen Äschen bildeten gar nicht die Mehrheit in den Mägen der sechsunddreißig untersuchten Gänsesäger. In neunundsechzig Prozent der Mägen fanden die Biologen Karpfenfische *(Cyprinidae)*, also zum Beispiel junge Barben. Auch andere Weißfische wie Laube, Aitel und Rotauge waren eine beliebte Beute. Nach den Karpfenfischen dominierten die Mühlkoppen, außerhalb Bayerns unter dem Namen Groppe *(Cottus gobio)* bekannt, in dreiundfünfzig Prozent der Gänsesägermägen. In neununddreißig Prozent der Mägen fanden die Biologen Äschen, in einem Drittel Barsche, und nur in vierzehn Prozent der Mägen trafen sie auf die Reste von Forellen. Ob Bach- oder Regenbogenforellen, war meistens nicht mehr bestimmbar. Mühlkoppen sind von hohem naturschutzfachlichen Wert, zeigen sie doch, wie sauber und naturnah ein Fluss ist. Doch mit nicht mal zehn Zentimetern Länge sind die gründelnden Groppen fischereiwirtschaftlich vollkommen uninteressant. Das gilt auch für die meisten Karpfenfische, die Aitel oder Döbel und für die kleinen Rotaugen, für die Angler sich nur als Beutefische der größeren Fischarten interessieren.

Die Gänsesäger leben übrigens nur deshalb wieder am Rande

der Nordalpen, weil sie seit einigen Jahrzehnten nicht mehr gejagt werden dürfen. Sie waren Ende des zwanzigsten Jahrhunderts in Deutschland fast ausgestorben. Die Vögel galten als Fischräuber und als direkte Konkurrenz des Menschen, der sie deshalb übermäßig bejagte und ihre Nester zerstörte. Nun brüten ein paar Hundert Paare in Bayern entlang von Donau, Isar und anderen Alpenflüssen, sogar mitten in der Stadtnatur von München. Außerdem leben und brüten Gänsesäger seit etwa 2003 an etlichen Mittelgebirgsflüssen in Baden-Württemberg, wie Rems, Murr, Jagst und vielen anderen. Vor dem Jagdverbot brüteten die Gänsesäger in Baden-Württemberg ausschließlich in den Felsnischen der Wutachschlucht. Das Erstaunliche an den derart von fischreichen Gewässern abhängenden Gänsesägern ist, dass sie in Baumhöhlen, unter Felsvorsprüngen und anderen hochgelegenen, geschützten Orten wie Balkonen brüten. Daher nehmen sie auch Nistkästen gern an. Die Jungen sind Nestflüchter, sie verlassen unmittelbar nach dem Schlüpfen das mehrere Meter oberhalb des Erdbodens gelegene Nest und springen von dort auf den Boden. Unten angekommen, führt die Gänsesäger-Mutter ihre Kükenschar zum ausgewählten Gewässer, und alle gehen erst mal baden. Beim Schwimmen hüpfen die Küken auf den Rücken der Mutter, die ihren Nachwuchs transportiert und zu sicheren Orten geleitet. Die Jungen suchen sich ihr Futter von Anfang an selbst, gründeln nach Schnecken, Bachflohkrebsen und anderen Kleintieren am Flussgrund. Innerhalb von gut vier Wochen sind sie fast so lang wie ihre Mutter, die allein auf den Nachwuchs aufpasst. Der Erpel ist währenddessen bei der Mauser. Zu den brütenden und das ganze Jahr über im Alpenvorland lebenden Gänsesägern kommen Tausende auf dem Durchzug, die nur im Winter an den Stauseen und größeren Seen in Bayern und Baden-Württemberg leben.

Die Gänsesäger sind ein klarer Erfolg für einen achtsamen Umgang mit der Natur, für Respekt und Toleranz den Tierarten gegenüber, die manche Menschen stören. Mal sind es die Angler, die ihre Fänge nicht mit Kormoran, Graureiher, Fischotter, Gänsesäger, Eisvogel und all den anderen Fischern unter den Tieren teilen wollen. Mal sind es Waldbesitzer und Landwirte, die allein das Wasser in der Landschaft kontrollieren wollen und nicht möchten, dass Biber sie unterstützen.

Die Köcherfliegen im Obernachkanal

Eines der wundersamsten Tiere unter den vielen faszinierenden Lebewesen in und an den Flüssen entdecke ich im Obernachkanal zwischen Sachensee und Walchensee. Durch das klare Wasser sehe ich auf dem sandigen Grund Köcherfliegenlarven. Manche liegen bewegungslos, manche schauen mit dem Kopf und den vorderen Beinen aus dem Köcher heraus und trippeln flott über den feinen Sand. Ihr auf dem Boden schleifender Köcher hinterlässt eine Rille im Sand. Was wäre das für ein tolles Rätsel für Spurenleser, wenn nicht alle zwanzig, dreißig Zentimeter die herumliegenden und wandernden Köcherfliegenlarven sofort verraten würden, wer die bleistiftbreite Spur im Flussbett hinterlassen hat. Zunächst versuche ich mit bloßem Auge, die Larve am Köcherausgang besser zu sehen, hocke mich an die Uferkante und beuge mich zum Obernachkanal hinab, der einen halben Meter unter mir fließt. Doch das reicht nicht. Durch das glasklare Wasser erkenne ich nur, dass da jemand aus dem Köcher guckt und sich wieder zurückzieht. Außerdem will ich wissen, ob all die 1,5 oder zwei Zentimeter langen, beigegrauen Teile auf dem Boden Köcherfliegenlarven sind. Da ich diese noch nie beobachten konnte, nehme ich mein Fernglas, stelle mich wieder hin, um den richtigen Abstand vom Auge zum Flussgrund zu finden, und sehe die Köcherfliegenlarven wie unter der Oberfläche eines Objektträgers im Mikroskop.

Aus gelben und beigefarbenen Sandkörnern hat die Larve in meinem Fokus eine gleichmäßige Röhre geschaffen. Sandkorn an Sandkorn klebt aneinander, eben verfugt und am Ende des Köchers geschlossen. Ich frage mich, ob die Larve sich in ihrem aus einem Seidenfaden gesponnenen Gespinstsack auf dem Flussgrund gewälzt und so mit den Sandkörnern paniert hat. In meinem grandiosen Kosmos-Bestimmungsführer von Prof. Dr. Wolfgang Engelhardt finde ich meine Panierthese nicht bestätigt, sondern lese später, dass die Larven »in der für ihre Art typischen Weise außen Fremdmaterial anbringen«. Die Larve im Obernachkanal hat sich einen steinernen Panzer gebaut, in dem sie geschützt heranwächst. Sie kann sich in dem Köcher umdrehen, um das zu eng gewordene Ende abzubeißen, wenn sie vorne Steinchen um Steinchen angebaut und den Köcher vergrößert und erweitert hat. Damit die Steinchen oder Sandkörner halten, hat die Köcherfliegenlarve zuvor mit Seidenfäden eine Hülle gewoben. Ich stelle mir das wie das Seideninlay eines Schlafsacks vor, auf dem die Larve dann die Sandkörner mit ihren Vorderbeinen angebracht hat.

Die Larven der rund dreihundertzwanzig Köcherfliegenarten in Deutschland nutzen alle möglichen Materialien für ihren jeweils arttypischen Köcher: Holzteilchen, Scherben von Schneckengehäusen, Blattstücke von Unterwasserpflanzen, zerteilte Pflanzenhalme, Kieselchen oder eben Sandkörner. Manche Arten haben sich auf ein Baumaterial spezialisiert, andere nehmen, was gerade da ist, und verwenden mal Blätter, mal Holz. Die Larven einiger Arten von Köcherfliegen *(Trichoptera)* bauen keinen harten Köcher, sondern weben aus Seidenfäden ein Gespinst zwischen Steinen oder im Wasser liegenden Ästen, Zweigen und anderen Pflanzenteilen und leben dort wie in einem Zelt. Um das Wohngespinst herum flechten sie aus den selbst produzierten Spinnfäden Trichter und im Strom hängende Tüten und fischen in den Säcken winzige Tierchen, Algen und Pflanzenfitzelchen aus dem Wasser. Ob ihnen etwas ins Netz geht, merken die Larven in ihrer Behausung. Sie verbinden über Spinnfäden die Fang- und Wohngespinste miteinander, und sobald ein winziges Lebewesen oder ein Teilchen des im Wasser strömenden Detritus aus pflanzlichem und tierischem Material sich in den Fangbehältern verfängt, wackelt der Faden. Manche Arten der Köcherfliegenlarven grasen die Algenteppiche am Flussgrund oder die Bakterienrasen auf einem im Wasser hängenden Ast ab. Andere fischen Pflanzenteilchen und Kleinstlebewesen aus dem Wasser, wieder andere fressen abgestorbene Pflanzen im Wasser, saugen den Zellsaft aus lebenden Pflanzen oder jagen sogar Kleinsttierchen.

Köcherfliegenlarven selbst bilden eine der wichtigsten Nahrungen für alle möglichen Tiere von Bachforellen bis Wasseramseln. Sie sind eine Art Grundnahrungsmittel in Bächen, Flüssen und Seen. Die unterschiedlichen Arten haben sich auf bestimmte Gewässertypen spezialisiert, manche leben in allen möglichen Bächen und Flüssen, andere nur in kühlen, klaren Bächen so wie hier im Obernachkanal. Ich habe allerdings keine Ahnung, welche der vielen Köcherfliegenarten hier ihre Larven abgelegt haben könnte, und würde mich hüten, zu sagen, ob es sich um *Sericostoma* aus der Familie der *Sericostomatidae* oder um *Silo* aus der Familie *Goeridae* handelt oder um eine ganz andere Art aus einer anderen Familie. Nur Köcherfliegenspezialistinnen unter den Insekten- und Gewässerkundlern können die verschiedenen Köcherfliegenlarven bestimmen.

Die Köcherfliegen sind übrigens direkt mit den Schmetterlingen verwandt und keinesfalls mit Fliegen, wie der Name vermuten lässt. Nachdem die Larve sich zum Imago, also dem uns als Köcherfliege bekannten Insekt entwickelt hat, lebt dieses in den Pflanzen an den Ufern seiner Herkunft. Mir scheint es jetzt Anfang April noch zu früh, nach den ausgebildeten Köcherfliegen zu schauen. Gerade mal die Pestwurz hat ihren Blütenstängel ausgetrieben, von Blättern keine Spur. In den Alpen kommt das Frühjahr später, und der Obernachkanal fließt immerhin in über achthundert Metern Höhe. Außerdem scheint die Sonne heute aus einem ungetrübt blauen Himmel, und Köcherfliegen sind dämmerungsaktiv. Die Köcherfliegenlarve in meinem Fernglasfokus guckt mit Kopf und den vorderen zwei Beinpaaren aus ihrem Köcher und wurstelt im Untergrund. Was sie da macht, kann ich leider nicht erkennen, und so schaue ich mir ihre Nachbarinnen an. Einige harren aus, andere trippeln mit ihrem Gehäuse herum, und eine ganze Menge Köcher scheinen leer zu sein. Aufgefressen? Oder ausgeschlüpft?

Von Natur aus gäbe es hier keinen Bach oder Fluss. Seit rund hundert Jahren fließt ein Teil der Isar im Obernachkanal durch den Wald, der zum Kraftwerksystem des Walchenseekraftwerks gehört. Denn ab dem Wehr in Krün läuft das Isarwasser zunächst durch ein Betonbett oberhalb schmucker Gärten und durchstreift dann den Sachensee, auf den die Isar ohne menschliches Zutun nicht treffen würde. Aus dem Sachensee zweigen die Kraftwerksbetreiber einen Großteil des Isarwassers in ein Tunnelrohr ab, durch welches das Wasser achtundsechzig Meter tiefer in die Turbinen des Kraftwerks Obernach fällt und von dort in den Walchensee fließt. Der andere Teil des Isarwassers vereint sich mit Sachenseewasser, fließt im Obernachkanal entlang der Bundesstraße 11 und speist unterwegs zum Walchensee die Versuchsbecken der TU München. Der Lehrstuhl für Wasserbau und Wasserwirtschaft hat hier eine Außenstelle. Nach ein paar Kilometern mündet der Obernachkanal im Walchensee und erhöht das Seewasser, das am anderen Ende durch einen Tunnel strömt und das Walchenseekraftwerk antreibt. Das klare, gleichmäßig bergab strömende Wasser im Obernachkanal hat in den vergangenen hundert Jahren einen eigenen Lebensraum geschaffen, der ohne die ganzen Buddeleien des Menschen in den Alpen nicht entstanden wäre. Köcherfliegen, Wasseramseln, Pestwurz und viele andere Arten haben den künstlichen Fluss besiedelt. Die Natur hat den Kanal eingemeindet.

Kapitel 3

Biber, unsere besten Freunde am Fluss

Durch die Zweige der kreuz und quer in die Loisach gestürzten Fichten sehe ich, wie sich etwas Rotbraunes, Klatschnasses auf den Ästen bewegt. Wedeln da nur die ineinander verwobenen Fichtenzweige und die verdorrten Nadelbüschel in der Strömung? Nein, ich erkenne Pfoten zwischen den Zweigen. Ein Biber hockt auf den Ästen über dem Fluss und wurstelt mit seinen Vorderpfoten in den Zweigen herum. Ich sitze vielleicht sechs Meter entfernt auf dem Waldboden, einen halben Meter oberhalb des Bibers, der aber nicht zu mir auf die Auenterrasse schaut, sondern weiter mit den Zweigen zwischen den Stämmen hantiert. Bei einem der Hochwasser im Frühjahr hat der Fluss das Ufer in der Kurve mitgenommen und den nahe am Ufer wachsenden Fichten den Boden unter den Wurzeln entrissen. Sieben, acht Fichten liegen seitdem wie übergroße Mikadostäbe über der Loisach in einer Kurve, in der das klare Wasser tief und fast ruhig steht. Das Astwerk schleift im Fluss und ist mal mehr, mal weniger überspült. Das Wasser gurgelt, sprudelt und wellt hindurch, und je nachdem, wie hoch der Wasserstand ist, rauscht oder schäumt das Geräusch der rasch fließenden Wellen zu meinem Sitzplatz einige Meter von der Flussbiegung entfernt.

Am Geräusch des Wassers höre ich, ob die Loisach viel, weniger, mittel, noch weniger Wasser führt. Gerade ist der Pegel mittelhoch, was bedeutet, dass der Fluss satt rauscht und ich ihn an den meisten Stellen nicht mehr sicher zu Fuß durchwaten kann. Ein dumpferes Rauschen aus der Kurve hat mich als Erstes aufmerksam gemacht, und deswegen habe ich zu den Fichten links von mir im Fluss geschaut. Vielleicht ist der Biber mit dem Geräusch aus dem Wasser gekommen. Ich blicke ihm zu, bemühe mich, ihn nicht anzustarren, schaue hin und wieder weg, atme ruhig und freue mich, dass ich am hellen Juniabend einen Biber so nahe bei seinem Tun beobachten kann. Um unter einen der im Fluss liegenden Baumstämme blicken und den Biber besser sehen zu können, beuge ich mich vor, lege Arme und Oberkörper auf den Waldboden, ziehe die Beine aus dem Schneidersitz, den Biber blicke ich möglichst weich aus den Augenwinkeln an, um mich dann zu bewegen, wenn er den Kopf abwendet und meine Bewegungen hoffentlich nicht wahrnehmen kann. Bis ich bäuchlings auf dem Waldboden liege und durch die Gräser spähe.

Das Fell klebt dem Biber am Körper wie mir ein nasser Norwegerpullover nach dem Regen. Wasser rinnt von den langen, anliegenden Haaren, läuft von seiner Schulter und dem Brustkorb herab. Er erscheint mir riesig und viel größer als die Biber, die ich an der Peene in Mecklenburg-Vorpommern oder an der Havel in Brandenburg gesehen habe. Im Geiste vergleiche ich ihn mit meiner Hündin, die mir stehend bis zum Knie reicht. Der Biber ist massig und hat aufgerichtet einen langen Oberkörper, wie er da auf seinen Hinterbeinen schräg vor mir auf den Fichtenstämmen über dem Fluss sitzt. Biber können ihr ganzes Leben lang wachsen. Im Durchschnitt misst der Rumpf eines erwachsenen Europäischen Bibers *(Castor fiber)* fünfundsechzig Zentimeter, der Kopf ist etwa sechzehn Zentimeter lang. Der Brustumfang eines erwachsenen Bibers ist durchschnittlich zweiundsechzig Zentimeter groß, und wenn ich diesen bayerischen Biber mit anderen vergleiche, denke ich, dass er schon älter sein muss. Hier sitzt ein erwachsenes Tier, kein Jungbiber aus dem Vorjahr, allenfalls aus den zwei oder drei vorangegangenen Jahren. Biber leben mindestens die ersten zwei

Jahre mit ihren Eltern und jüngeren Geschwistern, bis sie abwandern und sich ein eigenes Revier suchen. Wenn das Revier ihrer Familie genug Futter bietet, bleiben sie drei, vier Jahre, manchmal gar sieben Jahre bei ihrer Familie, bis sie losziehen, um eine eigene Familie zu gründen. Der Biber auf den Fichtenästen über der Loisach könnte also theoretisch auch auf der Durchreise sein und aus einer der Biberfamilien aus dem Loisach-Quellgebiet stromaufwärts stammen. Drei Biberbauten habe ich im Auwald entlang der dort sanft fließenden Loisach gefunden, weitere entlang der Ufer durch das trockengelegte Hochmoor im Ehrwalder Becken. Einer der Biberdämme unweit der Loisachquellen ragte über meinen Kopf hinaus, als ich im Bachbett stand, muss also an die 1,90 Meter hoch gewesen sein. Oder der Biber in den Fichtenzweigen ist die reißende Loisach hinaufgewandert, um hier einen geeigneten Lebensraum zu besiedeln. Ich glaube beides nicht, denn auf dieser und auf der gegenüberliegenden Uferseite habe ich im Herbst abgebissene Baumstümpfe gesehen, die meisten nicht dicker als mein Arm, manche gerade so stark wie Maisstängel. Mehrfach habe ich im Winter abgenagte Äste und Zweige am Ufer gefunden, die parallelen Zahnspuren des Bibers im hellgelben Holz deutlich sichtbar, die Enden der Äste schräg abgezwackt wie mit der Gartenschere.

An den Ufern um unseren Treffplatz herum habe ich so viele Biberspuren entdeckt, dass es eindeutig ist: Ich sitze mitten im Biberrevier. Zudem habe ich seine Markierungshaufen im Frühsommer am Ufer der Kiesbank ein paar Meter von unserem heutigen Treffpunkt entdeckt. Aus nassem Sand, manchmal mit ein paar Blättern geschmückt, hatte der Biber einen Haufen geformt, was ich an den Fuß- und Kratzspuren erkennen konnte. Immer an derselben Ecke der Kiesbank, wo die Steinchen in Sand übergehen, stromabwärts zeigend. Ich habe nicht an dem Haufen gerochen. Der Biber hat ihm mit Castoreum seinen individuellen Duft verpasst und damit sein Revier markiert. Das Castoreum, auch Bibergeil genannt, versprühen weibliche und männliche Biber mit dem Urin. Sie erzählen damit ihren Nachbarn und den durchwandernden Bibern alles über ihre Lebensbedingungen, ihre saisonal bevorzugten Futterpflanzen und das Nahrungsangebot im Revier. Mit dem Castoreum haben die Biber im Laufe der Evolution ein Meisterstück entwickelt, das in der Tierwelt einzigartig und ein Grund dafür ist, weshalb Menschen Biber fast ausgerottet haben. Jahrhundertelang trieb das Bibergeil die Menschen zu den wildesten Spekulationen, was es doch alles bewirken könne. Ein Wundermittel in der Fantasie der mittelalterlichen Quacksalber und neuzeitlichen Ärzte. Zweihundert Arzneimischungen versammelte das Rezeptbuch Casteriologia, das im Jahr 1685 in Augsburg erschien. Gesichert ist, dass im Castoreum auch Salicylsäure aus den gefressenen Weidenblättern und Rinden enthalten ist – derselbe Stoff, der Aspirin zu einem Schmerzmittel macht. Im Castoreum bzw. in dem Hautsäckchen der Bibergeildrüse sammeln Biber die Duftmoleküle der von ihnen gefressenen Pflanzen und stellen damit ihren eigenen Duftstoff her. Mehr als vierzig pflanzliche Duftmoleküle aus den Phenolen und Terpenen von Bäumen, Gräsern, Kräutern und Büschen haben Wissenschaftlerinnen bereits im Castoreum entdeckt.

Pflanzen kommunizieren mit Insekten und auch untereinander mithilfe von Phenolen und Terpenen (Duftstoffen). Von Baum zu Baum, von Strauch zu Strauch teilen sie sich zum Beispiel mit, wenn Tiere ihre Blätter fressen. So informieren sich Bäume gegenseitig und auch vom Blatt zur Wurzel, ob Fressfeinde wie Rehe oder Raupen in der Nähe sind. Von Zelle zu Zelle teilen sich die Blätter mit, wenn sie gefressen werden oder ein Insekt seine Eier auf ihnen ablegt. Gewarnt von den Blättern am anderen Zweig oder vom artgleichen Nachbarn, produzieren Pflanzen derselben Art dann bittere Stoffe wie Tannine, die manchmal auch giftig sein können, um Fressfeinde abzuwehren. Die Weiden, Bibers Lieblingsnahrung, wehren sich mithilfe solch bitterer Chemiecocktails in den Blättern dagegen, gefressen zu werden, wenn sie zu stark benagt wurden. Biber fressen daher niemals alle Weiden im Revier auf. Die Bäume sorgen von Natur aus dafür, dass sie ein paar Jahre Ruhe haben. Viele Pflanzendüfte unter den Terpenen können auch wir Menschen riechen, wenn wir den Duft eines Fichten- oder Kiefernwaldes einatmen oder an einer Zitrone schnuppern.

Biber riechen, ob eine Weide oder eine Eiche gerade schmackhaft ist oder sich mit Tanninen ungenießbar getunt hat. Die enorme Riechfähigkeit ist beeindruckend. Das eigentliche Wunder vollbringen Biber jedoch, indem sie die Duftmoleküle der einzelnen gefressenen Pflanzenarten aus ihrer Nahrung abspalten, sammeln und daraus einen neuen Duft herstellen. Markieren, beduften und riechen sind für die Kommunikation der Biber so entscheidend, dass sie neben dem Castoreum noch einen weiteren individuellen Duftstoff aus den Analdrüsen absondern.

Viele Säugetiere vom Baummarder bis zum Haushund haben Analdrüsen, mit denen sie ihre Botschaften auf verschiedene Arten in der Landschaft hinterlassen. Manche Tierarten wie der Wolf geben den Duft einfach mit dem Kot ab und markieren mit beeindruckend großen und stinkenden Würsten die Grenzen ihres Territoriums. Biber markieren ebenfalls mit dem Sekret der Analdrüsen, wobei die Farbe und Beschaffenheit des Stoffes verrät, ob es sich um einen weiblichen oder einen männlichen Europäischen Biber handelt. Sie hinterlässt einen dickflüssigen grauen Stoff, er markiert mit einem dünnflüssigen gelben Sekret. Vermutlich werden Sie das nie nachprüfen, doch möchte ich Ihnen der Vollständigkeit halber sagen, dass das beim Amerikanischen Biber *(Castor canadensis)* genau umgekehrt ist. Um das Analdrüsensekret auf einen Markierungshaufen zu bringen, müssen die Biber ihr Hinterteil auf dem Boden reiben. Das ist wesentlich aufwendiger, als mal eben mit einem Strahl Urin das Castoreum in die Umgebung zu spritzen. Wissenschaftler gehen daher davon aus, dass Biber ihre Reviere immer mit Castoreum markieren. Sie rätseln noch, ob Biber die zwei unterschiedlichen Duftstoffe gleichzeitig an einem Markierungshügel absondern.

Der Biber in den Fichtenästen in der Loisach dreht sich um, klettert näher an die Uferböschung heran und verschwindet damit aus meinem Sichtfeld. Ich stehe behutsam auf und nähere mich mit kleinen Schritten über Moos und Gräser dem Ufer, um die Kurve von der Auenterrasse aus einsehen zu können. Da entdecke ich seinen mächtigen Kopf schräg unter mir, sehe die ruhig blickenden Augen, seine handähnlichen Vorderpfoten, mit denen er zwischen den Fichtenzweigen werkelt, als ob er etwas ordnen würde. »Ob Biber auch die Fichtenzweige fressen? Trotz Harz?«, überlege ich und beschließe, die Frage später zu Hause in einem Wildtierbuch nachzuschauen. Obwohl ich ihn auf keinen Fall vertreiben möchte, gehe ich noch etwas näher an ihn heran, setze behutsam Schritt vor Schritt, in der Hoffnung, ihn nicht zu stören. Ich will sehen, was er da eigentlich macht. Er kaut nichts, beißt nichts von den Zweigen ab, prusselt da nur rum. Doch ob er mich bemerkt hat oder die Fichte nicht mehr gut riecht, klettert der Biber jetzt durch die Äste näher an die Waldbodenterrasse heran. Ich beuge mich über die Böschungskante, gerade mal eineinhalb Meter oberhalb des Flusses, blicke in das grünliche Wasser der Loisach und sehe nichts als die in der Strömung wedelnden Fichtenzweige. Der Biber ist abgetaucht.

Vielleicht hat er meinen Geruch wahrgenommen. Biber riechen hervorragend, wie das Castoreum und ihre großen Nasen mit den weiten Öffnungen verraten. Sind Luft und Duftmoleküle hineingeströmt, verarbeiten Biber die Gerüche in einem riesigen Nasenschwamm und können dank ihres sehr gut ausgebildeten

Gehirns die so gewonnenen Informationen ruckzuck verarbeiten und danach handeln. Menschen können gefährlich werden, und so ist es nur verständlich, wenn der Biber sich ins Wasser rettet, sobald er ein Raubtier wittert.

Irgendwo hier am Ufer in einer der Flussschleifen stromauf, stromab hat der Biber seinen Bau. Vielleicht hat er auch einen der verwachsenen Altarme der Loisach besiedelt und sich einen vor Hochwasser und reißenden Fluten geschützten Teich geschaffen. Biber haben feste Reviere, deren Größe vom Angebot an energiereichen Futterpflanzen abhängt. Die Reviere entlang der Flüsse durch bayerische Auwälder sind zwischen ein paar Hundert Metern und drei, vier Kilometern lang. In ihrem Zentrum liegt irgendwo der Biberbau. Wenn das Ufer geeignet ist, graben Biber eine Erdhöhle hinein, legen den oder die Eingänge unter Wasser und halten den oberhalb der Wasseroberfläche liegenden Wohnkessel mit Holzraspeln warm und trocken. Sollte die Erddecke nicht dick genug sein, türmen die Biber Äste und dünne Baumstämme oberhalb des Erdbaus, gerade so als bauten sie einen Dachstuhl. Diese Bauten sind leicht am Ufer erkennbar, denn die Stockhaufen können mehrere Meter hoch sein. Nur wenn das Ufer unbrauchbar ist oder es weit und breit kein Ufer gibt, bauen Biber eine beeindruckende Biberburg aus Ästen und Stämmen. Sie schichten dann zuunterst so lange Äste und Erde auf, bis ihr Wohnkessel oberhalb der Wasseroberfläche liegt. Dann bauen sie ihre Burg darüber und befestigen das Gebilde. Bauten können zu Burgen ausgebaut werden, wenn sich Fluss und Aue verändern. Zudem verrotten die Äste, und Biber sind jahrein, jahraus damit beschäftigt, ihre Behausung auszubessern und zu erhalten.

Froschlöffel, Kalmus, Brennnessel – gefressen wird, was am Ufer wächst

Die Loisach fließt wenige Kilometer nach ihren Ursprüngen rasch und in vielen Monaten wasserreich die Alpen herab durch den Auwald zwischen Ehrwald und Garmisch. Bergahorne, Fichten, Erlen, Birken, Rotbuchen säumen die Ufer. Manche Bäume beugen sich über den Fluss und liegen so tief, dass sie als Brücke für kleine Tiere taugen. Ein paar Tage, bevor ich den Biber in den Fichtenzweigen traf, beobachtete ich an einem frühen Morgen, wie ein Baummarder aus dem Wald auf einer Kiesbank landete, in drei Sätzen über die Steine jagte, in die herabhängende Krone eines sich neigenden Ahorns sprang, mit trockenen Pfoten auf die andere Seite der Loisach gelangte – und im Ufergestrüpp verschwand.

Die Bäume nahe am Ufer beugen sich, weil die Baumwurzeln kaum Halt in dem weichen Erdboden finden, der nach einem der letzten starken Frühsommerregen schnell das Wasser an den Fluss abgegeben hat. Der Boden gibt dem Druck des Wassers nach. Gräser und Kräuter wuchern zu beiden Seiten des Flusses, Holunder stehen üppig beladen mit Blütendolden, die Lavendelweiden auf den Kiesbänken tragen büschelweise Blätter und erinnern an Lavendelbüsche und nicht an Weidenbäume. Auf der langsam verlandenden Kiesbank, an der ich die Bibermarkierung gefunden habe, reichen die buschartig wachsenden Lavendelweiden über meinen Kopf hinaus, ein deutliches Zeichen, dass die Bank schon ein paar Jahre existiert. In einer Mulde vor den Lavendelweiden wächst auf dem regelmäßig überspülten Sand kniehoch Ufer-Reitgras *(Calamagrostis pseudophragmites)*. Durch die Halme hindurch habe ich am feuchten, weichen Boden die Hufabdrücke eines männlichen Rothirschs gefunden, der täglich durch den Grassaum streicht. Und ich habe die kleinen Abdrücke eines Jungtiers zusammen mit den größeren eines erwachsenen Rothirschs gefunden. Auch Mutter und Kalb kommen täglich vom Berg auf der gegenüberliegenden Uferseite durch die Loisach und knabbern an den Weidenbüschen. Rothirsche sind Nahrungskonkurrenten der Biber, beide fressen dieselben Pflanzen. Und beide ernähren sich ausschließlich von Pflanzen, die mit allerlei Geschmacksstoffen Hirschen und Bibern die Nahrung vergällen. Was für mich so grün und üppig entlang des Ufers aussieht, mag für den Biber und seine Familie hart errungene Kost bedeuten. 1,5 bis zwei Kilogramm frisches Grünzeug braucht ein erwachsener Biber pro Tag, und wenn er sich die Menge aus Weidenblättern, Giersch, Brennnesseln, Ufer-Reitgrasflur zusammensuchen muss, waren die Fichtennadeln vermutlich ein gefundenes Fressen. Zu Hause lese ich in dem aktuell besten deutschsprachigen Buch über Biber mit dem einfachen Titel *Der Biber – Baumeister mit Biss*, dass die Tiere in der Schweiz und einigen Regionen Bayerns sehr wohl Fichten und Kiefern fällen. Sie fressen die hellgrünen nährstoffreichen Triebe, die Nadeln und in den Wintermonaten auch die Rinde. Vielleicht hat der Biber in den Ästen der in die Loisach gestürzten Fichten nach frischen Trieben gesucht, als er in den Zweigen hantierte.

Als Überlebenskünstler und Ökosystempioniere sind Biber nicht wählerisch, sondern fressen, was der Wasserrandstreifen, die Wiese, der Wald und auch mal der nahe gelegene Acker zur jeweiligen Jahreszeit hergeben. Im Frühjahr, Sommer und bis hinein in den frühen Herbst haben die Biber einen reich gedeckten Tisch der Natur. Mit ihrer hervorragenden Nase wählen sie aus, welche Bäume, Kräuter und Gräser sie zu welchem Zeitpunkt fressen. Aus mehreren Hundert Metern Entfernung riechen sie Weiden und Pappeln, ihre Lieblingsbäume. Von Nahem unterscheiden Biber die verschiedenen Weidenarten am Geruch und wählen die für sie richtige Nahrung zum jeweiligen Zeitpunkt aus. Rohrkolben, Teichrosen und besonders gern deren zuckerreiche, unterarmdicke

Wurzelrhizome, Kalmus, Igelkolben, Blutweiderich, Froschlöffel findet der Biber im oder am Wasser, am Ufer Ampfer, Brennnesseln, Beinwell und Hunderte weitere krautige Pflanzen. Schilf ist tägliches Brot, wenn es im Biberrevier vorkommt. 366 krautige Pflanzen, also alle Pflanzen ohne Holz, und 214 verholzte Pflanzenarten kommen als Bibernahrung in Europa und Nordamerika infrage, haben Wissenschaftler herausgefunden. Baumrinde von gefällten Bäumen fressen sie hauptsächlich dann, wenn es keine andere pflanzliche Nahrung gibt.

Unter den fünfhundertachtzig Pflanzen sind auch siebenundfünfzig mehr oder weniger giftige Arten, von denen allerdings noch nicht bekannt ist, ob und wie Biber die giftigen Stoffe nutzen. Hinzu kommen die Früchte der Zivilisation. Biber suchen in Obstgärten Äpfel und Birnen, spüren Rüben auf Äckern auf und knabbern Maisstängel, wenn die Felder dicht genug am Ufer stehen, wie ich an den Nebengewässern der Havel in Brandenburg beobachtet habe. Biber suchen dicht am Ufer ihre Nahrung, eigentlich entfernen sie sich nicht weiter als zwanzig Meter vom Gewässerrand. Doch der Mais auf einem der Äcker in der Prignitz lockte sie über den Uferrandstreifen hinaus ins Feld, wie ich an den Spuren ihrer Füße im Ackersand sehen konnte.

Da Biber sich nur und ausschließlich von Pflanzen ernähren, müssen sie viel fressen, sonst bekommen sie nicht ausreichend Energie. Die Tiere brauchen Kraft, um Dämme und Burgen zu bauen. Und sie müssen kräftig heizen, also Kohlenhydrate verbrennen, um ihre Körpertemperatur im Wasser zu halten. Die Kohlenhydrate aus Rohrkolben, Teichrose und Zuckerrübe verwandeln sie in Fett und lagern die Energie in der Kelle, dem flachen Schwanz, und unter der Haut ein. Im Hochsommer beginnen Biber, sich Fett anzufressen und Polster für den Winter aufzubauen. Bis zu drei Zentimeter dick, schützt hauptsächlich das Fett unter der Haut den Biber vor Unterkühlung und trägt wesentlich mehr zur Isolation bei als der dichte Pelz. Für den Winter, vor allem in eisigen Regionen, legen Biber Nahrungsflöße an, die sie vor dem Eingang ihres Baus versenken. Sie sammeln im Herbst Äste und Zweige und stapeln sie vor dem Bau übereinander, sodass sie unter Wasser gedrückt werden. Friert das Gewässer zu, liegen nahrhafte Äste von Weiden, Eschen, Birken und was immer in Bibers Revier wächst, unter Wasser vor dem Eingang zum Biberbau.

Natürlich wärmt der Pelz. Beständig pflegen und kämmen Biber den Pelz mit einer Putzkralle am zweiten Zeh des Hinterfußes, verteilen damit Talg und fetten die Haare ein. Die öligen Haare stoßen das Wasser ab, wobei der ganze Pelz so konstruiert ist, dass das Wasser gar nicht bis auf die Haut dringen kann. Rund sieben Zentimeter lange Leithaare und darunter liegende Grannenhaare legen sich wie Schuppen zusammen und schützen die körpernahen Wollhaare, wenn der Biber abtaucht. Die Leithaare und die Grannen verbreitern sich an der Haarspitze und bilden unter dem Druck des Wassers ein undurchdringliches Haarkleid. Sie schließen Luft in den Lücken zwischen den gewellten Wollhaaren ein, die das Tier warm und trocken bis auf die Haut halten. Taucht der Nager auf, läuft das Wasser an den Leithaaren und Grannen herunter, so wie ich es bei dem Biber in den Fichtenästen beobachtet habe. Je nach Körperstelle wachsen Bibern zwölftausend bis dreiundzwanzigtausend Haare pro Quadratzentimeter. Wir Menschen haben gerade mal bis zu dreihundert Haare auf einem Quadratzentimeter. Das Eichhörnchen, Bibers engster Verwandter, hat mit achttausend bis zehntausend Haaren auf einem Quadratzentimeter auch ein ziemlich dickes Fell entwickelt, um damit durch eisige Winter mit zweistelligen Minusgraden in weiten Teilen Europas zu kommen. Der Fischotter hat unter den ans Wasser gebundenen Säugetieren in mitteleuropäischen Seen und Flüssen das dichteste Fell: Fünfundzwanzigtausend bis einundfünfzigtausend Haare pro Quadratzentimeter schützen ihn bei seinen Tauchgängen vor der Kälte.

Ökologische Führungspersönlichkeiten

Biber sind Wunderkinder der Natur, was sich merkwürdig anhören mag, denn die Natur hat ausschließlich wunderbare Tiere in unglaublicher Fülle und Vielfalt hervorgebracht. Jede Tierart hat sich mit Krallen und Zähnen, Haaren, Federn, Hufen, Pfoten, Flossen, Geweih und Gehörn, Ohren, Augen und allen Sinnen und allem Verstand an ihren Lebensraum angepasst. Alle haben sie ihre Strategie und Taktik entwickelt, um in den Bergen, Steppen, Wäldern, Wiesen, Seen und in und an den Flüssen ausreichend Nahrung und eine Behausung zu finden. Säugetiere sind Tiere wie wir und brauchen nicht mehr als einen sicheren Ort, um die Jungen großzuziehen, um Schutz vor Regen, Kälte, Hitze zu finden und sich notfalls vor Feinden in Sicherheit zu bringen. Und sie brauchen genügend Nahrung für sich und die Familie. Manche Tiere sind Allrounder und kommen mit der Zivilisation zurecht – wenn der Mensch sie in seiner Nähe duldet. Füchse streifen nachts durch Berlin, Dachse leben in Gewerbegebieten entlang der Autobahn, Rehe äsen in Vorgärten, Fischotter sonnen sich am Ufer der Gera mitten in Erfurt. Manche Tiere nehmen die Landschaft, wie sie ist. Sie arrangieren sich mit den Verhältnissen und machen das Beste daraus. Biber machen das Beste aus der Landschaft. Sie schaffen die Verhältnisse, die optimal für sie und ihre Nachkommen sind, aber auch für die Gemeinschaft der Tiere und Pflanzen um sie herum. Biber sind ökologische Führungspersönlichkeiten – sie erschaffen Ökosysteme und bauen einen reich strukturierten Lebensraum für zahlreiche Arten. Biber bauen an Flüssen und Seen die Landschaften, die das Beste sind, was Fischen, Fröschen, Vögeln, Fischottern, Libellen, Mücken und Hunderten weiteren Arten passieren kann. Ohne Biber hätte eine Vielzahl von Tierarten keinen Lebensraum. Oder sie hätten ihn nicht als derart großzügigen Entwurf, den Biber aus unzähligen Ästen, Zweigen und Baumstämmen errichten. Biber sind Menschen also durchaus ähnlich, denn auch Menschen bauen die Landschaft so lange um, bis die Natur nach ihren Maßstäben entstanden ist. Menschen ordnen die Natur dem Willen des Menschen unter, ebenso wie Biber die Natur nach ihren Bedürfnissen kontrollieren und regulieren. Über viele Jahrtausende schufen Menschen mit ihren Zäunen und Dämmen, Saaten und Rodungen, in Mauernischen und an Kirchtürmen ökologische Nischen und trugen in vielen Weltregionen zur Vielfalt der Natur bei. Doch das Gleichgewicht zwischen Mensch und Natur ist in den meisten Gegenden der Welt seit Langem gestört, wie sich am Massensterben der Tiere und Pflanzen zeigt. Und so sind Biber weit mehr als »Baumeister« oder »Architekten«, wie sie oft anerkennend genannt werden. Biber erschaffen Welten. Sie sind ein Entwurf der Evolution, um die Natur zu vervollkommnen. Zumindest auf der nördlichen Halbkugel, wo sie von Natur aus leben. Aus Wasser und Holz erschaffen sie die Landschaften, in denen sich die Natur erst in ihrer ganzen Diversität entfalten kann. Wenn wir uns einen Augenblick vorstellen, dass Bäume aus Licht und Wasser Holz produzieren, dann eröffnet der Blick in einen von Bibern gestalteten Auwald eine Welt aus Licht und Wasser.

Als der Kartograf und Pelzhändler David Thompson in den 1780er-Jahren begann, Nordamerika zu vermessen und Landkarten zu erstellen, durchmaß er eine von Millionen Bibern gestaltete Natur. Über den Kontinent »könnte man sagen, dass er im Besitz zweier unterschiedlicher Rassen ist, Mensch und der Biber«, schrieb Thompson in seinen Aufzeichnungen *Im wilden Norden Amerikas: 1784–1812*. Der Mensch bewohne die Hügel und höher gelegenen Gebiete, die Biber seien unangefochten im Besitz der Flussauen. Zwischen sechzig und vierhundert Millionen Biber lebten im vorkolonialen Nordamerika, schätzen Wissenschaftler heute. Bis 1930 hatten Thompson und seinesgleichen die Biber so weit abgeschlachtet, dass sie unter Schutz gestellt werden mussten. Die amerikanischen Biber waren fast ausgerottet. Die Kolonisatoren, die Fallensteller und Trapper, die Pelzhandelsgesellschaften, Soldaten, Siedler, Pioniere, kurzum, alle Europäer, die sich seit dem sechzehnten Jahrhundert den amerikanischen Kontinent einverleiben wollten, töteten Biber und Indigene gleichermaßen.

In England hatten Menschen schon im elften Jahrhundert die Biber ausgerottet. Das schmackhafte Fleisch der Tiere und ihr Fett waren als Heilmittel und Braten beliebt. Zudem wurden die Bibergeildrüsen in Gold aufgewogen. Ein Biber war also in England Gold wert, und englische Kolonisatoren fanden zwar keine goldenen Dächer in den nordamerikanischen Kolonien, wie die Spanier in Südamerika vermuteten. Aber sie fanden Biberbauten, deren Inhalt sie vergoldeten. Die Europäer wollten ihren Pelz, tausendfach, millionenfach, so wie sie schon in Europa mit Biberpelzen ein Vermögen gemacht hatten, bis sie auch in Mitteleuropa die Biber ausgerottet hatten. Je nach Land waren zwischen dem siebzehnten und achtzehnten Jahrhundert die Biber aus europäischen Flüssen und Auen fast vollständig verschwunden. In Russland hielten sich Biberfamilien bis circa 1850, letzte Tiere konnten sich vor der vollständigen Ausrottung retten. Und die Letzten ihrer Art wurden vernichtet, als die Ingenieure und Wasserbauer im neunzehnten Jahrhundert die Flüsse begradigten und die Auen trockenlegten. Von ehemals hundert Millionen Europäischen Bibern lebten um 1900 noch tausend bis zweitausend Tiere. Vermutlich nicht mehr als hundertneunzig Biber überlebten in Deutschland an der Mittelelbe. Sie sicherten die Unterart Elbebiber *(Castor fiber albicus)* des Europäischen Bibers und sorgten dafür, dass sich Biber entlang der Flüsse in Deutschland bis nach Holland, Dänemark und in die Slowakei ausbreiten konnten.

Ein Biberpelz war im sechzehnten Jahrhundert so wertvoll wie ein Pferd, das jedoch lebendig. Biberpelze waren als Mäntel und

Decken beliebt, da sie dank ihrer dichten Haare hervorragend wärmen und nahezu unverwüstlich sind. Die Europäer der frühen Neuzeit wollten jedoch keine Mäntel en masse fertigen. Sie waren auf die Wollhaare im Biberpelz versessen, um daraus Hüte herzustellen. Aus dem Biber wurde der Castorhut, der in verschiedenen Formen seit dem vierzehnten Jahrhundert in Europa immer mehr in Mode kam. Blütezeit für den Castorhut war ab dem siebzehnten Jahrhundert. Auf alten Stichen von Francisco de Goya habe ich Männer mit Castorhüten erkannt. In den Illustrationen zu *Robinson Crusoe* aus dem achtzehnten Jahrhundert tragen englische Kolonisatoren auf dem Weg nach Brasilien Castorhüte. Und auch Lord Nelson auf der steinernen Säule auf dem Trafalgar Square in London trägt einen in Stein gehauenen Admiralshut aus Biberwolle. Europäische Hutmacher verarbeiteten Millionen von Biberfellen zu hohen Hüten für die reichen Herren, zu seitlich abgeflachten Hütchen für englische Kleriker, zu breitkrempigen Hüten für Offiziere und Kapitäne. Ohne Castorhut ging in Europa zwischen 1600 und 1850 gar nichts. So schnell konnten sich Biber an Europas Flüssen gar nicht vermehren, wie ihnen das Fell vom Leib gezogen wurde. Da im siebzehnten Jahrhundert die Biberjäger und Fallensteller die europäischen Flussauen leer gefangen hatten, kamen die Biberpelze fortan aus Nordamerika. Millionenfach. Zusammen mit Millionen Fellen von Ottern, Mardern, Eichhörnchen, Vielfraßen und allen anderen Tieren, die den Trappern in der Neuen Welt in die Falle gingen.

Von Natur aus leben Biber nur auf der Nordhalbkugel. In Europa besiedelten Biber *(Castor fiber)* Sümpfe, Seen und Flussauen von der Iberischen Halbinsel bis weit hinter den Ural. Im Süden endete das Biber-Land im Vorderen Orient, im Norden im heutigen Norwegen. In Nordamerika wurde es dem Biber *(Castor canadensis)* ab dem nördlichen Mexiko zu heiß und im heutigen Alaska ab einer bestimmten geografischen Höhe zu frostig. Das ganze Gebiet des heutigen Kanada und der USA war also von Bibern besiedelt. Und da sie goldwert waren, heizten die Nagetiere die Gier der frühkapitalistischen Geschäftemacher an. 1670 gründeten zwei französische Pelzhändler mit dem deutschen Prinzen Ruprecht von der Pfalz die Hudson's Bay Company. Schon im Logo verrät die Firma, worum es geht: Vier Biber stehen im Zentrum des Logos, flankiert von zwei Elchen und einem Fuchs, der auf einer Hermelinkappe sitzt. Darunter der Leitspruch: *Pro pelle cutem* – für Fell gebe ich meine Haut. Mit einer Schiffsladung voll Biberpelzen aus den Flussläufen der Hudson Bay im heutigen Kanada hatten die Franzosen den englischen König Karl II. überzeugt, ihnen das Handelsmonopol mit Fellen und Pelzen aus dem Gebiet um die Hudson Bay zu übertragen. Ausgestattet mit dem königlichen Privileg, baute die Hudson's Bay Company Handelsposten an Tausenden Flüssen in ihrem Hoheitsgebiet auf. Das bald wirtschaftlich und damit auch militärisch und politisch beherrschte Gebiet der HBC war 3,8 Millionen Quadratkilometer groß – in etwa eine Fläche von Portugal bis Polen. Von den Handelsposten schwärmten Trapper entlang der Flüsse in die Wälder und holten raus, was ging. Millionen Biberpelze aus der nordamerikanischen Wildnis verschiffte die HBC nach Europa; um 1800 wurden eine halbe Million amerikanischer Biberpelze in London gehandelt, bis der Castorhut aus der Mode kam. An den Posten der Hudson's Bay Company bekamen die Trapper Waffen, Lebensmittel, Branntwein, Werkzeug, Boote und was sie sonst in der Natur brauchten. Zweimal im Jahr lieferten sie die Felle und Pelze ab, kassierten sehr viel Geld dafür und verprassten das Biberskalpgeld meistens gleich wieder in der Handelsstation. Der Pelzhandel zog vor dem Goldrausch Tausende gierige, skrupellose Männer in die Wälder des nordamerikanischen Kontinents, wie Zeitgenossen in Tagebüchern und Briefen schreiben. Die Trapper, Soldaten, Pelzhändler haben das Land und die späteren Staaten Kanada und USA bis hinein in die Verfassung geprägt. Sie haben die indigenen Kulturen zerstört, Ökosysteme vernichtet und der europäischen Expansion die Pfade durch die Wildnis gezeigt. Der Genozid an den amerikanischen Ureinwohnern und der Ökozid an Bibern, Bisons, Tauben, Lachsen und vielen anderen Arten erfolgten aus einer Hand. Ohne die Gier nach Biberpelzen wäre die europäische Eroberung Nordamerikas anders verlaufen. Biber sorgten nämlich dafür, dass die Weiden und Äcker der ersten europäischen Bauern trocken blieben, sagt der in den USA lebende deutschstämmige Ökologe und Biber-Experte Dietland Müller-Schwarze. Biber könnten auch heutzutage einen entscheidenden Beitrag zum Hochwasserschutz im Einfluss von Missouri und Mississippi beitragen. Wenn drei Prozent der amerikanischen Biberpopulation wiederhergestellt würden, könnten Fluten im Einzugsgebiet dieser Flüsse verhindert werden.

Auch in Deutschland ist unser Leben mit dem der Biber seit ein paar Tausend Jahren verbunden. Doch vielleicht niemals in der Geschichte unserer Beziehung brauchten wir die Biber so nötig wie heutzutage. Biber unterstützen Menschen von der Loisach bis an die Elbe dabei, natürliche Ökosysteme zu schaffen. Mithilfe der Biber gelingt es Biologen und Naturschützerinnen überhaupt wieder, natürliches Leben in und entlang von Bächen und Flüssen aufzubauen. Die Biber sind die besten Helfer im Naturschutz, gerade weil sie Bäume fällen.

Am oberen Lauf der Loisach, wenige Kilometer hinter der Quelle in Tirol, haben die Biber eine Schwäche für Bergahorn. Schon von Weitem sehe ich an den Ufern das rötliche Holz der angenagten Ahornstämme leuchten. Junge, noch armdicke Bäume sind an vielen Stellen ganz abgenagt, nur Stängel stehen noch angespitzt am Ufer. Die Menschen links und rechts am Oberlauf der Loisach wollen nicht, dass Biber ihre Landschaft gestalten. Jedes

Jahr fangen und töten die Wasserwirtschaftler dreißig, vierzig Biber zwischen der bayerisch-tirolerischen Grenze bei Garmisch-Partenkirchen bis zum Kochelsee. Ich fahre deshalb an die Pulsnitz in Sachsen, um mir in der Königsbrücker Heide anzuschauen, wie Biber eine Welt aus Wasser und Holz erschaffen.

Biber schaffen Wildnis

Die Pulsnitz versteckt sich wie ein wildes Tier hinter Schilf und Rohrkolben. Wildschweine sind durch das Röhricht in der weiten Aue gebrochen, in den Sumpf kann ich ihnen nicht folgen. Es hat geregnet in den Tagen zuvor, vielleicht führt die Pulsnitz auch immer im September so viel Wasser, dass ihre Ausläufer die gesamte Aue nässen und bis an den terrassenartig ansteigenden Wald reichen. Große Waldkiefern, kräftige Birken und dicke, ausladende Eichen wachsen am Hang. Darunter haben Wildschweine den Boden umgegraben und Sachen zutage gefördert, über die in einem Naturschutzgebiet besser Gras wachsen würde. Glasflaschen, Kinderschuhe, einen militärischen Aluminiumtopf in Nierenform. Einlegesohlen, Damenstiefel, Herrenschuhe, eine weiße Kunststoffdose mit der Aufschrift »Schuhkrem schwarz – 47 Pfg.«. Prächtige Fliegenpilze stehen hier und dort in Grüppchen beisammen wie Mahnwachen. Achtung! Todeszone! In dem morastigen, nassen Grund der Aue wachsen Schwarzerlen und Weiden und weisen die Richtung zur Pulsnitz, die hinter dem Röhricht verborgen fließt. Kein Durchkommen. Ich bin einem Biberwechsel gefolgt, der am See der Freundschaft oberhalb der Pulsnitz begann. Dort sah ich einen Biber, der den See überquerte, um zu den Pflanzen im gegenüberliegenden Wald zu gelangen. Als er mich bemerkte, tauchte er lautlos ab. Auf meiner Seite des Seeufers führte mich ein von Biberpfoten platt getretener Ausstieg zu einem tunnelartigen Durchgang in den Uferpflanzen bis zum Schilf, das den Fluss säumt.

Die Pulsnitz ist an manchen Stellen vor und nach ihrem Weg durch die Königsbrücker Heide nicht viel breiter als ein Bach. Fast könnte ich mir einbilden, mit großem Schwung und langen Beinen hinüberzuspringen. Sommerkalt und flott fließt sie über den Sand, windet sich in kleinen und in großen Kurven und könnte eines von vielen unscheinbaren Flüsschen sein, die zwischen den Dörfern in Sachsen mal frei fließen und innerhalb der Ortschaften zwischen Beton und Wänden zivilisiert verlaufen. Doch die Pulsnitz und der nicht weit entfernt fließende, ebenso unscheinbare Otterbach sind die Lebensadern des ehemaligen Truppenübungsplatzes Königsbrück. Jahrzehntelang übte die sowjetische Rote Armee den Krieg auf dem siebentausend Hektar großen Gelände. Noch heute zeugen Bunker, verfallende Häuserreihen, Betonrampen und Unterstände von den Militärs, die hier einst tobten. Vierzig Jahre pflügten Panzer das Gebiet, schossen mit Raketen und Granaten aufeinander und bretterten durch die Pulsnitz und den Otterbach. Nur wenige Biber lebten während der militärischen Besatzung der Königsbrücker Heide an den Flüssen der Oberlausitz. Sie waren in den 1970er-Jahren gerade erst wieder über die Schwarze Elster von der Elbe bis an die Pulsnitz eingewandert. An der Elbe hatten die letzten Biber in Deutschland den Biozid an ihrer Art überlebt. In der Oberlausitz war der letzte Biber zweihundertfünfzig Jahre zuvor erlegt worden. In den Teich- und Feuchtgebieten am Rande des Truppenübungsplatzes Königsbrück fanden mehrere Elbe-Biber geeignete Lebensräume, und einige wenige trauten sich unter Granatenbeschuss an die Pulsnitz auf dem Militärgelände. Nach der deutschen Wiedervereinigung zog die russische Armee aus Ostdeutschland ab. Der ehemalige Truppenübungsplatz gehörte nun der Bundesregierung, die das Gelände an den Freistaat

Sachsen übergab. Alte Munition verseuchte das siebzig Quadratkilometer große Gebiet. Die Blindgänger, Phosphorpatronen und Panzerabwehrraketen zu räumen, konnte und kann auf einer derart großen Fläche niemand bezahlen. Pro Hektar kostet heutzutage die Munitionsräumung zehntausend bis zwanzigtausend Euro. Die Königsbrücker Heide ist nur eine von vielen solchen versehrten Flächen in Ostdeutschland. Experten schätzen, dass hunderttausend Tonnen alte Kampfmittel der Roten Armee auf den ehemaligen Truppenübungsplätzen aus DDR-Zeiten liegen.

Natur war die Chance. Sachsen wandelte 1992 den Truppenübungsplatz in das Naturschutzgebiet Königsbrücker Heide um und begann, die Heiden und Binnendünen, Wälder, Moore, Forstflächen und von Panzern wieder und wieder aufgewühlten Sandflächen sich selbst zu überlassen. Sechs Biberfamilien sollen damals dort gelebt haben, und vielleicht ahnten schon einige Naturfreunde, dass die Biber die große Chance für eine natürliche Entwicklung waren. In der neuen Ruhe machten sich die Tiere ans Werk und bauten das verheerte Land um. Sie fällten Bäume und bauten Dämme, stauten Gräben und Zuflüsse von Pulsnitz und Otterbach, schufen Wasserlandschaften und halfen, die Heide- und Sandflächen freizuhalten, indem sie weit entfernt vom Bach Bäume fällten. Da sich die Biber bald prächtig vermehrten, besiedelten sie alle bibertauglichen Flüsse, Bäche und Gräben in der Königsbrücker Heide wie das Bohraer Wasser. Der Graben fließt durch einen Fichtenforst, den die Forstwirtschaft der ehemaligen DDR am Rande des Truppenübungsplatzes angelegt hatte. Ein typischer artenarmer Wirtschaftswald, in dem die standortfremden Fichten in Reihe gepflanzt wurden. Die Fichtennadeln bilden einen für Gräser, Büsche und Baumsämlinge undurchdringlichen Teppich, da sie den Boden versauern und kaum zu Humus vergehen. Die Biber stauten das Bohraer Wasser im Forst, fluteten eine Senke und schufen mitten in der Monokultur ein artenreiches Feuchtbiotop. Ein See ist entstanden, Schilf und Rohrkolben wachsen am Ufer und bilden ein breites Röhricht.

Als ich von den Fichten aus auf das Wasser schaue, sitzt ein Eisvogel mit dem türkisblauen Rücken zu mir mitten im See auf einem alten Baumstamm. Ich genieße den seltenen Anblick, spaziere an dem mit Schilf bewachsenen Bibersee entlang, und als ich über einen Wasserlauf gehen will, stehe ich plötzlich an dem Damm, den die Biber einst aus Ästen und dünnen Baumstämmen gebaut haben. Schilf und Weidenbüsche gedeihen auf dem Damm und verweben mit ihren Wurzeln die zuvor losen Äste. Alte Hölzer und neue Pflanzen sind miteinander verwachsen, die Hölzer bilden eine harte, meterdicke, nährstoffreiche Schicht, aus der neues Leben sprießt. Der Damm und der Bibersee sind mindestens fünfundzwanzig Jahre alt und zeigen, wie Biber ein Ökosystem schaffen und eine Aue langfristig beeinflussen.

Wo der Biber baut, lebt das Ökosystem

Ökologen nennen Biber eine »*keystone species*«, eine Schlüsselart für das gesamte Ökosystem, in dem sie unterschiedliche Lebensräume für eine Vielzahl von Tieren und Pflanzen im und außerhalb des Wassers schaffen. Biber bringen neue Ufer hervor, erweitern die Nischen und Höhlen. In und rund um die Biberteiche entstehen warme und kühle, flache und tiefe Wasserstellen. Der Biberteich erhöht zudem das Grundwasser in dem Gebiet, weshalb drum herum Tümpel entstehen, die von unterschiedlichen Libellenarten, Grasfröschen, Teichmolchen, Ringelnattern und Wasserkäfern je nach Vorliebe für die Wasserart und -temperatur besiedelt werden. In den Grundwassertümpeln leben zumindest in der ersten Zeit keine Fische, sodass sich die Larven von Libellen und anderen Insekten, Laich und Kaulquappen von Fröschen, Molchen, Kröten dort gut entwickeln. Mit den Libellen, Widderchen, Schmetterlingen, Fliegen, Mücken kommen Fledermäuse an den Biberteich wie die Wasserfledermaus. Im Wald rund um Biberteiche findet die Bechsteinfledermaus mehr Insekten im Laub und auf den Blättern. Da der Teich die Strukturvielfalt erhöht, profitieren auch andere an den Rändern zwischen Wald und Wasser, Wiese und Bach jagende Fledermäuse und Vögel von ihm. Die Insektenvielfalt in Biberteichen ernährt die Frösche, Unken, Molche und die Fische, die sich je nach Art im Teich und jenseits des Damms im frei fließenden Fluss prächtig vermehren. Barsche, Karpfen- und Weißfische im Biberteich nähren Eisvogel und Schwarzstorch, Seeadler und Fischotter. Barben und Forellen fühlen sich jenseits des Biberdamms im frei fließenden Fluss wohl. Der Damm filtert zwischen tausend und knapp zweitausend Kubikmeter Sediment aus dem Gewässer und sorgt dafür, dass unterhalb von ihm Kies und Steine im Flussbett frei und locker liegen. Forellen, Bachmuscheln und viele andere Flussbewohner brauchen genau solche Kiesbetten als Kinderstube für ihre Eier und die daraus schlüpfenden Larven. Von der Köcherfliegenlarve am Grund bis zum Fischotter an der Spitze der Nahrungskette in einem Gewässer schaffen Biber die Voraussetzungen für die biologische Vielfalt. Das höher stehende Wasser rund um einen Biberteich versorgt auch die Bäume in einem Wald. Für manche Baumarten wie die Fichte im Forst sind die höheren Wasserstände zu viel. Sie sterben ab und werden als Totholz zu einem wichtigen Lebensraum für Borkenkäfer und andere Insekten, die Schwarzspechte unter der Rinde hervorpicken. Am Rande von Biberteichen fallen die flach wurzelnden Fichten schnell mal um. Die Wurzelteller stehen dann senkrecht, und die meterhohe Wand aus Waldboden bietet Eisvögeln einen perfekten Grund, um eine armlange Niströhre hineinzupicken und dort zu brüten.

In dem nassen Grund rund um den Biberteich am südlichen

Rand der Königsbrücker Heide haben sich Birken und Erlen angesiedelt, Kiefern wachsen am Ufer als Pionierbaumarten, und vermutlich werden bald Eichen keimen, wenn die Eichelhäher dort Eicheln vergraben und diese vergessen. Die Oberlausitz ist Eichen- und Kiefernland, und so, wie an den Flussterrassen der Pulsnitz der Kiefern-Eichen-Wald das Militär überlebt hat, kann sich diese Pflanzengesellschaft auch wieder dort breitmachen, wo noch Fichten stehen. Die Biber helfen, den Forst zu einem Wald umzubauen, und damit unterstützen sie die Pläne der Naturschutzgebiets-Verwaltung. Die Wildnisplaner der Königsbrücker Heide wollen, dass auf fünftausend Hektar des alten Militärgeländes ein natürlicher Wald entsteht, tausend Hektar sollen offen bleiben oder nur locker bewaldet sein. Jeder Biberteich verlandet im Laufe der Jahre, da sich immer mehr Lehm, Sand, Pflanzenreste, tote Tiere, Laichreste ablagern. Aus dem Biberteich entsteht die nährstoffreiche Biberwiese, ein Feuchtgebiet mit Sauergräsern und Binsen, das innerhalb von Jahrzehnten vom Rand her verwaldet. Die Biber sind dann lange schon weitergezogen, den Bach hinauf oder an ein anderes Gewässer, das ihnen Nahrung und Schutz bietet. Da in der Natur alles im Fluss ist, gibt es keine Überbevölkerung mit Bibern in einer Region. Sie regulieren ihre Populationsgröße selbst und passen Fortpflanzung und Nachkommen an Nahrung und Bach an.

Wölfe mögen Biber

In der Königsbrücker Heide sind Biber nicht die einzige ökologische Schlüsselart. Wölfe haben sich niedergelassen und einen Familienverband gebildet. Wölfe beeinflussen mit ihrem Verhalten das Ökosystem in ihren Territorien bis zu den Fischpopulationen im Fluss, wie aus dem US-amerikanischen Yellowstone Park bekannt ist. »Wo der Wolf jagt, wächst der Wald«, heißt es und drückt aus, dass Wölfe mit ihrer Vorliebe für Rehe, Hirsche und andere pflanzenfressende Huftiere auch das Wachstum von Bäumen beeinflussen. Die Alltagsweisheit aus dem Wald stimmt aber nur zum Teil. Im Zentrum eines Wolfsreviers fressen zwar weniger Rothirsche und Rehe die Triebe der Bäume ab, sie knabbern in Randbezirken dafür jedoch umso mehr. Wölfe jagen die Tiere, die in ihrem Territorium am einfachsten zu greifen sind. Und in manchen Gegenden Nordamerikas und Europas sind das Biber. Erwachsene, starke Biber sind mit ihren scharfen, langen Schneidezähnen sehr wehrhaft und haben in Europa nur Wölfe, Luchse, in wenigen Regionen auch Braunbären und in Skandinavien die Vielfraße als natürliche Feinde zu fürchten. Junge Biber leben gefährlicher als die alten, da sie klein und unerfahren sind. Sie fallen auch Füchsen, Marderhunden und Minks zum Opfer. Große Raubfische wie Welse und Hechte schnappen sich kleine Biber im Wasser, aus der Luft greifen sich Seeadler und Uhus die Jungen.

In der Königsbrücker Heide sind die Wölfe ihre gefährlichsten Feinde. Von allen Wolfsrudeln in Sachsen ernähren sich nur die Wölfe in der Königsbrücker Heide zu einem guten Teil von den Nagern. Wissenschaftler vom Senckenberg Museum für Naturkunde in Görlitz haben die Nahrungsreste im Wolfskot der sächsischen Rudel untersucht. Die Biologinnen haben 6581 Wolfslosungen zwischen 2001 und 2016 analysiert und festgestellt, dass sich die Wölfe in der Lausitz hauptsächlich von Rehen, Wildschweinen und Rothirschen ernähren. Die drei Tierarten bilden mehr als neunzig Prozent der Wolfsnahrung, hinzu kommen Damhirsche, Hasen, mal ein Fuchs, mal Äpfel. Nur die Wölfe in der Königsbrücker Heide fressen häufiger Biber. Rund sieben Prozent der Haare und Knochenreste im Kot der dort lebenden Wölfe stammten von Bibern.

Wölfe und Biber leben vom Menschen ungestört in der Königsbrücker Heide, denn das siebentausend Hektar große Gebiet soll das erste offizielle Wildnisgebiet nach den Richtlinien der IUCN (International Union for Conservation of Nature and Natural Habitats) werden. In den anderen Regionen der Lausitz leben auch Hunderte Biber an den Seen der Bergbaufolgelandschaften, an den Flüssen, Bächen und den Kanälen zwischen den riesigen Fischteichen im Biosphärenreservat Oberlausitzer Heide- und Teichlandschaft. Doch dort lohnt sich für die Wölfe offenbar nicht der Aufwand. Erwachsene Biber können mit ihren langen Schneidezähnen die Wölfe schwer verletzen. Ein Reh, ein Hirschkalb oder ein Frischling sind für einen Wolf einfacher und ungefährlicher zu fangen als ein Biber im Wasser. Wölfe und andere Beutegreifer wägen ab, ob es sich lohnt, eine Nahrungsquelle zu erobern, oder ob sie mehr Energie einsetzen und sich womöglich sogar in Gefahr bringen könnten, wenn sie das Futter schnappen. Erscheinen ihnen Aufwand und Gefahr zu groß, lassen sie es sein und vertrauen auf eine andere Gelegenheit.

Die Biber in der Königsbrücker Heide vermehren sich trotz der Wölfe prächtig. Hundertfünfzig Tiere waren es bei einer der letzten Zählungen. Sie bestätigen die Erkenntnisse auch aus anderen Regionen Nordamerikas und Europas. Selbst in Gegenden, in denen Biber einen erheblichen Anteil der Nahrung von Wölfen ausmachen, beeinflussen die Wölfe nicht die Anzahl und Ausbreitung von Bibern in der Region, haben Wildbiologen in Lettland, Russland und auch beim kanadischen Biber in Nordamerika beobachtet. Aus Nordamerika wissen Wildbiologen auch, dass einzelne Wölfe im Winter die Reviere von Bibern checken und an den Duftmarkierungen der Nager erkennen, ob sie gerade ein paar Tage im Bau ausharren oder draußen unterwegs sind. Im Winter laufen Biber auch mal längere Strecken über Land und entfernen sich weiter vom Wasser, da sie vom Ufer entfernte Bäume fällen.

Sie brauchen die wenigen Kohlenhydrate aus den Rinden, wenn ihre eigenen Fettvorräte in der Kelle und unter der Haut sich aufzehren. Auf dem Land können Wölfe sie packen. Allerdings leben die amerikanischen Wölfe auch in größeren Revieren als die Wölfe in Deutschland. In Nordamerika finden sich wesentlich weniger Hirsche, Elche und andere potenzielle Beutetiere der Wölfe auf einem Quadratkilometer als hierzulande. Die Wilddichte ist geringer, und die Wölfe müssen sehen, was sie bekommen können. Eben auch Biber.

Der US-amerikanische Biologe Thomas Gable von der Universität Northern Michigan hat 2015 untersucht, wie Wölfe überhaupt Biber jagen. Ihm war aufgefallen, dass seine Kollegen zwar alle davon sprachen, wie wichtig Biber als Nahrungsquelle für Wölfe sind, aber noch nie jemand wissenschaftlich beobachtet hatte, wie und wo Wölfe den Bibern nachstellen. Gable besenderte vier Wölfe und schaute sich dann die Stellen an, an denen sie Biber getötet und gefressen hatten. Die von Gable beobachteten Wölfe lauerten im Frühjahr an den Wehren von Biberteichen den Bibern auf. Im Herbst warteten die Wölfe meistens entlang der Trampelpfade durchs Schilf und über Wiesen, über die die Biber regelmäßig liefen und Futter für den Winter sammelten. Manche Wölfe ruhten stundenlang entlang der Biberpfade, bis einer daherkam, den sie erlegten und an Ort und Stelle fraßen. Im Herbst haben die Biber schon bis zu vier Kilo Fett in der Kelle und am Bauch eingelagert, um das Kaloriendepot im Winter zu verbrauchen. Biber sind also gerade im Herbst laufende Energiekugeln für Wölfe. Kamen die Biber durch einen ihrer Kanäle geschwommen, fischten die Wölfe sie vom Ufer aus aus den bis zu einem Meter tiefen und breiten Kanälen und töteten sie dann an Land. Interessant finde ich vor allem, dass Gable an zwei Dritteln der Rissplätze im Frühjahr nur die Fußabdrücke von einzelnen Wölfen fand. Wölfe leben üblicherweise in Familienverbänden zusammen und jagen auch gemeinsam – es sei denn, sie sind Jungwölfe auf der Suche nach einem eigenen Revier. Dann sind sie allein unterwegs und können nicht mit den anderen gemeinsam jagen. In vielen Regionen Nordamerikas leben Wölfe von Elchen, die üblicherweise im Rudel gejagt werden. Vielleicht sind Biber die Notnahrung für Jungwölfe. Und sie nähren die Wölfe in den Regionen, in denen Wolfsfamilien nicht ausreichend Hirschartige und andere Huftiere finden.

Die Königsbrücker Heide ist größtenteils Sperrgebiet. Besucher dürfen nur in den Randgebieten herumlaufen, da die Munitionsreste gefährlich sind und sich die Natur ungestört entwickeln soll. Nordwestlich der Königsbrücker Heide suche ich noch mal die Pulsnitz und schlage mich durch hüfthohe Gräser und Brennnesseln, Weidenbüsche und die niedrigen Äste einer Erle ans Ufer durch. Ein Graureiher steigt auf und versprüht einen weißen Schwaden aus seiner Kloake. Die Pulsnitz strömt mit flotter Stetigkeit über den Flutenden Hahnenfuß, in der Kurve klimpert das Wasser, als liefe es über ein hölzernes Xylophon. Ich hocke mich an den Stamm der Erle, lausche dem Fluss und der Geschichte, die die Pulsnitz erzählt, nachdem sie durch den alten Truppenübungsplatz und die neue Wildnis der Königsbrücker Heide geflossen ist. Behutsam drücke ich mich weiter durch die Gräser und Büsche am Ufer. Rehe fliehen aus einem nahen Versteck auf die angrenzende Wiese, springen vier-, fünfmal, bleiben abrupt stehen, drehen sich um und kehren zurück an die Pulsnitz, nachdem ich mich ins Gras kauere und sie nicht verfolge. Ich bin ja kein Wolf.

Bisam und Nutria in Bibers Revier

Von Natur aus hätten sich der Europäische Biber, Bisam und Nutria nie getroffen. Die Bisame wurden 1905 von Nordamerika nach Europa verfrachtet und in der Nähe von Prag ausgesetzt. Fürst Joseph Colloredo-Mansfeld hatte sie von einer Jagdreise in Alaska aus Nordamerika mitgebracht. Einmal in Europa, erkannten Pelzhändler ihren Wert als nachwachsendes Mantelfutter. Fortan wurden die Tiere in Europa auf Pelzfarmen gezüchtet. Mithilfe von Menschen, später auch auf eigenen Füßen, gelangten Bisame bis Kamtschatka und Taschkent und besiedelten entlang der europäischen Flüsse die Gewässer von Griechenland bis Finnland.

Einige Jahre nach dem Bisam holten Pelzfarmer Nutrias aus Südamerika, um sie zu züchten und ihnen den Pelz abzuziehen. Ebenso wie die Bisame entkamen auch einige Nutrias aus den Pelzfarmen und suchten sich in Europa die ökologische Nische, die sie schon in ihrer amerikanischen Heimat bewohnt hatten: ruhig fließende Bäche, Flüsse, Kanäle, Seen und die tümpelartigen Verzweigungen in Flussgebieten.

Nutrias und Bisame leben ähnlich wie Biber, aber anders genug, als dass alle drei rund um dasselbe Gewässer leben können. Die Natur hat jedem von ihnen einen anderen ökologischen Fußabdruck verpasst. Oberflächlich betrachtet sehen die drei unterschiedlichen Tierarten ähnlich aus. Sie haben einen kompakten Körper, dichte braune Haare, kleine Ohren. Dabei sind Biber und Nutrias locker doppelt oder dreimal so groß wie Bisame. Nur Biber haben eine Kelle, den flachen breiten Schwanz. Der Bisamschwanz ist seitlich flach und zeigt, dass die Tiere damit auch eine andere Schwimmtechnik entwickelt haben, wenn die Hinterpfoten nicht die nötige Beinfreiheit haben. Bisame wedeln beim Schwimmen mit dem Schwanz und wricken durchs Wasser. Nutrias haben einen runden, dicken Schwanz, der sich in ihren Fährten an Land zwischen den Fußabdrücken als Schleifspur abzeichnet. Da ihre Pfoten rund doppelt so groß sind wie die der Bisame, können sie auch in Abdrücken unterschieden werden. Außerdem haben Nutrias an den Hinterfüßen Schwimmhäute. Für die in den eisigen Gewässern Nordamerikas lebenden Bisame hätten Schwimmhäute im Winter nicht ausgereicht. Sie haben daher Borsten zwischen den Zehen, die wärmen und sie beim Schwimmen unterstützen. Und wer ganz dicht herankommt, sieht auch, dass Nutrias weiße Schnurrhaare haben, Biber hingegen dunkle Vibrissen. Die drei sind nicht einmal miteinander verwandt, auch wenn sie in die große Ordnung der Nagetiere gehören. In der weitverzweigten Nagetierordnung zählen die Europäischen Biber zur Familie der Biber, Nutrias zur Familie der Biberratten, sind aber keine Ratten. Und die Bisame gehören zur Familie der Wühlmausartigen und sind auf keinen Fall Ratten, auch wenn sie oft Bisamratten genannt werden.

Auf einem Weiher in der Nähe der Oder entdecke ich in einem Winter eine Bisamburg. Mitten im Wasser thront ein Haufen Schilf, den die Bisame zusammengetragen haben. Da sie ringsumher fast alle Schilfstängel abgefressen haben, ragt die Bisamburg über das im Winter karge Röhricht in der flachen Landschaft. Der Weiher und das drum herum wachsende Schilf schmiegen sich in die Gegend und scheinen mit den Wiesen verwachsen. Der Weiher hat keine Ufer, in die der Bisam einen Bau hätte graben können – also hat er sich die Burg gebaut. Bisame sind große Wühler und graben weitverzweigte Gänge und Wohnhöhlen in Uferböschungen. Eingang und Fluchtröhren der Bisamhöhlen und -burgen liegen immer unterhalb der Wasserfläche. Nur wenn die Ufer zu flach sind, türmen sie Muschelschalen oder Schilfhalme im Wasser und bauen darauf aus Schilf, Kalmus, Rohrkolben, Binsen und was der Gewässerrand ansonsten an Röhrichten hergibt, ihre Burg. Bisame nehmen keine Äste oder Hölzer her wie die Biber, sondern ausschließlich Gräser. Sie fressen auch keine Rinde, dafür aber fast alle anderen Pflanzen in und an dem Gewässer ihres Lebensraums. Berüchtigt sind Bisame dafür, dass sie von jeder Pflanze immer nur ein bisschen fressen. Sie reißen einen Rohrkolben aus, knabbern an der Wurzel und lassen im Sommer sogar die grünen Blätter und den Stängel liegen. Oder sie holen sich eine Simsenwurzel aus dem Wasser und verschmähen die Gräser.

Bisame bevorzugen die Wurzeln und Knollen von Wasserpflanzen, weshalb sie den reich gedeckten Tisch an den Ufern kahlfressen. Im Winter und Frühjahr ernähren sie sich auch von Muscheln, Schnecken, Krebsen. Die Muschelschalen lassen die Bisame auf einem Haufen am Ufer liegen; je nach Vorkommen können sich Dutzende bis Hunderte Schalen ansammeln. Ihre Vorliebe für die nährstoffreichen Wurzeln hat sie zu hervorragenden Tauchern gemacht. Bis zu fünf Minuten können Bisame unter Wasser werkeln, ernten, Muscheln finden, die Burg befestigen. Tauchen sie nur ab, um einem Feind zu entgehen, und verhalten sich still, können Bisame bis zu siebzehn Minuten unter Wasser bleiben. In ihren Mythen erzählen die Ojibwe und Lakota in Nordamerika von der Tauchfertigkeit der Bisame und ihrem stetigen arbeitsamen Leben.

In den Wasserlandschaften an der Unteren Havel leben Bisam, Nutria und Biber an denselben Gewässern. Sie teilen sich einen Lebensraum und finden offenbar alle ausreichend Nahrung und Platz für ihre Behausungen. Soweit ich es beobachten konnte, gehen sich die drei in einem Gebiet aus dem Weg und wohnen nicht Höhle an Höhle.

Auch Nutrias graben Höhlen in die Uferböschung von ruhigen Altarmen, Kanälen, Flüssen und Gräben. Den Eingang legen sie oberhalb der Wasseroberfläche an. Daher bevorzugen sie stark bewachsene Ufer, damit der Eingang zum Bau dahinter verschwindet. Im Dschungel Südamerikas ist das kein Problem, da die Pflanzen das ganze Jahr über wachsen und die Ufer im Amazonasgebiet oder am Orinoco überwuchern. Im Dschungel legen Nutrias breite Trampelpfade hinter den Pflanzen an und bewegen sich vom Fluss aus unsichtbar am Ufer entlang. In Nord- und Ostdeutschland geht diese Taktik nicht auf. Monatelang liegen im Winter und Frühjahr die Eingänge der Nutria-Bauten für jedermann sichtbar offen.

Nutrias bauen keine Burgen aus Schilf, sondern Plattformen aus Röhricht im Wasser. Auf den Schilfpontons ruhen sich die Tiere aus, fressen, putzen sich, lassen Wasser und Zeit um sich fließen. Nutrias sind am Tag aktiv. Sie sind deshalb leichter zu beobachten als die in der Dämmerung und abends aus der Höhle kommenden Bisame. Nutrias machen auf mich immer einen tiefenentspannten Eindruck. Sie sitzen, schauen aufmerksam, aber gelassen über den Fluss, gehen bedächtig am Ufer entlang oder lassen sich ins Wasser gleiten, um dort gemächlich zu schwimmen oder zu treiben. Auch in ihrer Lebensweise unterscheiden sich Nutrias von Bibern und Bisamen. Die Nutriaweibchen leben mit den Jungtieren in kleinen Gruppen zusammen, die Männchen wohnen allein und gehen nur zur Paarung zu den verschiedenen Gruppen der Weibchen in der Gegend.

Kapitel 4

Ein Fluss taucht auf – 1,2 Kilometer Freiheit für die Windach

Die Windach windet sich um die Kurve, schmirgelt mit jedem Liter Wasser das lehmige Ufer und vertieft die zwei, drei Meter hohen Steilhänge. Flussabwärts liegt links ein Acker, der schon ein paar Meter an den Fluss verloren hat, am rechten Ufer zieht sich ein Laubwald den Hang hinauf. Rund zwanzig Kilometer nach ihrem Ursprung im Alpenvorland westlich des Ammersees hat die Windach so viel Schwung, dass die mitgebrachten Steine, Kiesel und der Sand sich in der Mitte des Flusses zu einer Kiesbank gesammelt haben, von zwei Armen Wasser umflossen. »Ein schönes Furkationsgerinne«, sagt Wasserwirtschaftsexperte Markus Brandtner über die wild gewordene Windach kurz vor dem gleichnamigen Ort in Oberbayern, dort wo sich der Fluss auf 1,2 Kilometern in neuer Freiheit teilt, wieder vereint und das macht, was die Flüsse im Alpenraum von Natur aus eben machen. Markus Brandtner ist Projektleiter und Vergabekoordinator im Wasserwirtschaftsamt Weilheim. Er ist dafür zuständig, dass die Flüsse vom Alpenstrom Lech bis hin zu einem der vielen Bäche im Einzugsgebiet des Wasserwirtschaftsamts in den ihnen zugedachten Flussbetten fließen. Dass also die Wehre, Abstürze, Brückenpfeiler, Uferbefestigungen halten und die Flüsse nirgends, wo Menschen nasse Keller bekommen könnten, über die Ufer steigen. »Saubere, stabile Verhältnisse, wie Ingenieure das gerne mögen«, sagt Brandtner im Kiesbett der Windach.

Wir haben uns mit Sigrun Lange und Stefan Ossyssek vom

Büro Wildflüsse Alpen des WWF an der Brücke in Windach getroffen. Brandtner und dem Wasserwirtschaftsamt ist eine gewässerökologische Meisterleistung geglückt, die so selten ist wie die Bachmuscheln in der Windach. Lange und Ossyssek wünschten, dass das, was hier auf 1,2 Kilometer Flusslänge passiert ist, an allen kleinen Flüssen in Bayern Nachahmer finden würde: Das Wasserwirtschaftsamt hat im Januar 2019 ein Wehr aus dem Fluss geholt und damit eine von viertausend kleinen Wasserkraftanlagen in Bayern stillgelegt.

Fast alle Flüsse in Bayern – wie in ganz Deutschland – sind begradigt, gestaut, betoniert, zivilisiert. In Bayern blockiert rein rechnerisch alle fünfhundert Meter ein Wehr, eine Rampe, Rutsche, Mauer, ein Brückenpfeiler einen Fluss. Die Querbauwerke behindern das Wasser, verlangsamen die Strömung und beeinträchtigen eine Vielzahl von Tieren. Die Natur nicht nur in Bayern ist zu oft ein ruhiger Fluss, und deswegen ist die wieder frei fließende Windach etwas Besonderes.

»Die gesamte Aue – das ist ein Juwel«, sagt Brandtner, deutet mit ausgestrecktem Arm in die spätherbstlichen Bäume und Büsche an den Ufern und freut sich, dass mitten im Fluss bei einem der letzten Regenfälle ein Wurzelstock gestrandet ist. Ein idealer Lebensraum für Bachflohkrebse, Jungfische, Wasserasseln, Käfer. Bis zum Januar 2019 stauten an dieser Stelle Beton und Holz den Fluss an einem Wehr, das der damalige Besitzer der Wasserrechte 1954 vermutlich auf einem alten Wehr aus dem Jahre 1857 errichten ließ. Von dort flossen am rechten Ufer bis zu 635 Liter pro Sekunde aus dem Fluss in einen Kanal, Mühlbach genannt. Das natürliche Flussbett – Wasserbauingenieure sprechen von der Restwasserstrecke – lag monatelang trocken in der Au, wenn nicht genug Wasser für Mensch und Natur vorhanden war. Das Wasser floss künstlich erhöht oberhalb der Au, sauste mit dem gewonnenen Schwung durch die Turbine einer Mühle und produzierte rund fünfzigtausend Kilowattstunden im Jahr. Die reichten laut Windachs Bürgermeister Richard Michl für den Strom von zehn Haushalten aus. Seiner Kraft beraubt, dümpelte das Wasser dann weiter im Mühlbach durch die Gemeinde, bis es nach dreihundert Metern mitten im Ort in das natürliche Flussbett der Windach floss.

»Eine Landschaft, die am Tropf des Menschen hängt«, sagt Brandtner, während wir auf einem Trampelpfad entlang der Windach durch den kleinen Auwald gehen. Den Bewohnern und Bewohnerinnen des Ortes habe er erklären müssen, dass ein Fluss nicht oberhalb seiner Aue fließen könne, der Mühlbach also unnatürlich sei. Entlang des Mühlbachs hatten sich die Anwohnerinnen und Anwohner Gärten am Wasser gebaut. Aus einem der Gärten führen drei Stufen hinab zum Mühlbach, nebenan hängt eine aus Holzbohlen gebaute Terrasse über dem seit 2019 stillgelegten und trockenen Kanalbett. Ein Hochwasser im Januar 2015 zerstörte das marode Wehr in der Windach, und es stellte sich heraus, dass der Inhaber der Rechte über die Wasserkraft kein Interesse mehr an dem Wehr oder der Wasserkraftnutzung hatte. Einfach so lassen ging nicht, und so begann ein politischer Streit in der Gemeinde und darüber hinaus; nach einigen politischen Verwirbelungen kaufte schließlich der Freistaat Bayern die Wasserrechte des ehemaligen Wehrbesitzers. »Ein Glück für die Windach, dass die Natur das Wehr kaputtgemacht hat«, stellt Brandtner fest. Die Natur eröffnete ihm und seinen Kollegen von der Wasserwirtschaft die Chance, die Europäische Wasserrahmenrichtlinie an der Windach umzusetzen und auf 1,2 Kilometern gewundener Strecke einen freien Fluss zu schaffen.

Klimawandel und Artensterben strömen zusammen

Die EU-Wasserrahmenrichtlinie, kurz WRRL, gilt selbstverständlich in ganz Deutschland und auch in allen anderen EU-Staaten. Zwischen Elbe und Donau, Neckar und Oder, von der Schlei bis zur Schwarzen Elster stehen die Wasserwirtschaftsämter in Deutschland vor derselben Aufgabe. Die Frage lautet: Wie können sie begradigte, gestaute, wohlstandsmüllbelastete, mit Chemikalien vergiftete, von der Landwirtschaft vergüllte und gegen Hochwasser bewehrte Flüsse wieder in einen ökologischen Zustand bringen? Wie schaffen sie Flüsse, in denen wandernde Fischarten wie Bachforelle, Stör, Lachs, Huchen zu ihren Laichplätzen schwimmen? Ökologisch sinnvoll wäre, wenn auch die Jungfische unbeschadet flussabwärts gelangen würden. Die EU-Wasserrahmenrichtlinie hat Gesetzescharakter und schreibt vor, dass bis 2027 Oberflächengewässer wie Seen und Flüsse mit einem Einzugsgebiet von mehr als zehn Quadratkilometern in einem »guten ökologischen Zustand« sein müssen. Oder ihr »gutes ökologisches Potenzial« erreicht haben, also so weit wiederhergestellt und gereinigt wurden, dass Insekten, Krebse, Fische und Pflanzen wieder einziehen könnten, wenn zum Beispiel ein Vogel sie im Gefieder mitbringt.

Der Rückbau im Fluss ist so selten wie die Bachmuscheln in der Windach. Industriebauten abzuwracken gilt noch nicht als Fortschritt, doch Klimawandel und Artensterben erfordern neue Sichtweisen. Bei der kleinen Wasserkraft strömen die beiden Megathemen wie die Arme eines Wildflusses zusammen. Die Erderwärmung lässt in Deutschland weniger Regen fallen, die Temperaturen steigen, mehr Wasser verdunstet – in den Flüssen sinken die Pegel. Niedrige Wasserstände schmälern die Energieausbeute der Wasserkraft und die Gewinne der Kraftwerksbetreiber. Niedrigwasser erstickt auch das Leben vieler Fischarten, für die das Wasser zu warm ist und zu wenig Sauerstoff enthält. Und es verschlechtert die Lebensbedingungen dort, wo Fische seit Jahrzehnten straucheln: an den Wehren der Wasserkraftanlagen. Nur in elf Prozent der Flüsse in Bayern können wandernde Fischarten ungehindert stromauf und -ab schwimmen, denn 52 592 Querbauwerke und 4268 Wasserkraftanlagen versperren ihnen den Weg. Allein im Nationalpark Berchtesgaden stehen drei Wasserkraftanlagen. Die Bayerische Staatsregierung hat auch keinen Schmerz damit, 331 Wasserkraftanlagen in den Schutzgebieten, die nach der Fauna-Flora-Habitat-Richtlinie ausgewiesen wurden, und einunddreißig Anlagen in den Flüssen innerhalb von Naturschutzgebieten zu genehmigen. Die Wasserkraftwerke standen meistens schon lange, bevor das Gebiet unter Naturschutz gestellt wurde. Doch müssten nun natürlich gerade diese Wasserkraftwerke überprüft und die Auswirkungen auf das Ökosystem Fluss vorrangig berücksichtigt werden. Bäche und Flüsse gehören ja niemandem, anders als ein Wald. Die zuständigen Behörden in den Gemeinden, Landratsämtern, Landesregierungen vergeben das Recht, die Wasserkraft zu nutzen. Die Landesregierungen der Bundesländer sind auch für die Umsetzung der EU-Wasserrahmenrichtlinie zuständig. Verantwortlich ist jedoch die Bundesregierung. Und die hat seit Inkrafttreten der WRRL 2001 kaum etwas Maßgebliches unternommen. Zwanzig Jahre sind ergebnislos verstrichen, als wir uns im renaturierten Flussbett der Windach treffen.

Für Bachforellen, Flussperlmuscheln und andere Tierarten bedeuten Wasserkraftwerke das Ende ihres Lebens im Wildfluss. Die Wasserkraft gilt jedoch auch als eine Lösung für die CO_2-freie Stromgewinnung. Das Wasser fällt als erneuerbare Energie durch die Turbine, weshalb Wehre und Stauseen als notwendiger technischer Eingriff in die Natur gelten. Tote und verstümmelte

Fische in den Turbinen der Wasserkraftwerke waren seit jeher ein Kollateralschaden des industriellen Fortschritts und seit der Energiewende eben auch des energiepolitischen Fortschritts. Da Bayern keine Windkraftanlagen will, hält der Freistaat an der Wasserkraft als bayerischer Quelle der erneuerbaren Energie fest. In der Tat produzieren die 226 großen Kraftwerke mit mehr als einem Megawatt an Isar, Lech und anderen Alpenflüssen ordentlich Energie. Durchschnittlich 12,5 Terawattstunden bezieht der Strommarkt aus der bayerischen Wasserkraft, das sind zwölf bis fünfzehn Prozent der Energieausbeute. Die viertausend Anlagen der kleinen Wasserkraft tragen mit zehn, dreißig und auch mal hundert Kilowatt Leistung 1,5 Prozent zur bayerischen Stromerzeugung bei. Und versperren tausendfach den Fluss der biologischen Vielfalt.

Allein an der knapp sechsunddreißig Kilometer langen Windach stauen sechs weitere kleine Wasserkraftanlagen den Fluss. Nicht mal hundert Meter hinter dem ehemaligen Zufluss des Mühlbachs in das natürliche Flussbett staut das nächste Wehr und leitet das Wasser nach links in einen Kanal oberhalb des Flussbetts. Kohlkopfgroße Steine schauen aus dem Restwasser im Fluss. Und rund zehn Kilometer flussaufwärts von den kleinen Wasserkraftanlagen hat das Wasserwirtschaftsamt zwischen 1961 und 1964 den Windachspeicher errichtet. Hoch wie ein Nordseedeich erhebt sich die mit Rasen bewachsene Stauwand in den oberbayerischen Wiesen. Sie staut die Windach, zuvor noch mehr Bach als Fluss, zu einem ansehnlichen See. Fotos von überschwemmten Wiesen und Kuhställen auf einer Schautafel am Windachspeicher zeugen davon, wie es den Menschen entlang der sich schlängelnden Windach vor dem Bau erging. Ihre Gehöfte wurden geflutet, Kühe standen bis zu den Knien im Wasser.

»Der Nutzen der kleinen Wasserkraft steht in keinem Verhältnis zum Schaden«, sagt Sigrun Lange vom Büro Wildflüsse Alpen des WWF. Mit ihrem Kollegen Stefan Ossyssek hat sie sich durch die

Energiedaten Bayerns, Statistiken der Stromerzeugung, Studien über Fischabstiege und die Methanentwicklung in Staudämmen gearbeitet. Zusammen haben sie einen »Hintergrundbericht zum Zustand der Fließgewässer in Bayern« geschrieben, der die beiden bayerischen Verbände der Wasserkraftwerksbetreiber zu mehrseitigen schäumenden Pressemitteilungen veranlasste. Mit wenigen Windrädern könne Bayern die Strommenge der kleinen Wasserkraft ersetzen, schreiben Lange und Ossyssek. Kostengünstiger sei die Windkraft auch, als die veralteten Kleinstwasserkraftwerke in Bayerns Bächen und Flüssen technisch auf den Stand des einundzwanzigsten Jahrhunderts zu bringen. Und auch mit Sonnenenergie könne Bayern Ökologie und Energiewende versöhnen. »Zehn Einfamilienhäuser mit Fotovoltaikanlagen auf dem Dach erbringen eine vergleichbare Menge an Strom wie ein durchschnittliches Wasserkraftwerk mit weniger als hundert Kilowatt«, rechnet Lange vor. Sie fordert den Rückbau von Wehren und einem großen Teil der zweiundfünfzigtausend Querbauwerke in Bayerns Flüssen, wo immer möglich. »Die Fischlebensräume sind stark zerstückelt«, sagt Lange. Bayern solle die kleinen Wasserkraftanlagen nicht auch noch ausbauen, wie von der Bayerischen Freistaatsregierung geplant. Die Hälfte der kleinen Anlagen müsse modernisiert werden, sagt ein Wasserkraftvertreter. Susanne Lange und der WWF fordern hingegen, dass gerade die 2350 Kleinstanlagen an Bächen und Flüsschen mit weniger als einem Kubikmeter Wasser pro Sekunde stillgelegt werden, anstatt sie mit staatlichen Millionen zu päppeln. Das ist so wenig, dass man mit kniehohen Gummistiefeln an vielen Stellen durch den Fluss waten kann.

»An uns liegt es nicht, dass die Fische sterben«, behauptet Hans-Peter Lang, Vorsitzender des Landesverbands Bayerischer Wasserkraftwerke im oberpfälzischen Sinzing und zählt am Telefon die vielfältigen Gründe auf, weshalb Fischen die Luft ausgeht. Düngung in der Landwirtschaft, Flussbegradigungen, Flächenversiegelungen, der Reifenabrieb von Autos, der mit dem Regenwasser in die Flüsse gelangt. »Da wird nix gut sein, wenn man nicht auch an den anderen Stellschrauben dreht«, sagt Lang, der rund sechshundert Betreiber kleiner Wasserkraftwerke vertritt. An den Schrauben der Wasserverschmutzung will das Umweltministerium Bayern seit Jahren mit mehreren Fünfjahresplänen drehen, um sich endlich auf den langen Weg der EU-Wasserrahmenrichtlinie mit dem Ziel »guter ökologischer Zustand« zu begeben. Während ich diese Geschichte schreibe, beginnt der letzte Zyklus, in dem Deutschland alles daransetzen muss, die Richtlinie zu erfüllen und endlich den Flüssen einen freien Lauf zu gewähren. Allen mit der WRRL betrauten Wasserbauern und Gewässerökologinnen in Deutschland ist klar, dass die ersten zwanzig Jahre Wasserrahmenrichtlinie verstrichen sind, ohne dass sie an Deutschlands Flüssen viel erreicht haben. Kein einziges Bundesland hat die Vorgaben zum ursprünglich festgelegten Termin im Jahr 2015 erfüllt, wobei nicht nur die Querbauwerke die Ökosysteme der Flüsse stören, sondern auch Nitrat aus der agrarindustriellen Tierhaltung, Quecksilber vor allem aus der Kohleverstromung sowie Chlorchemikalien. Die deutsche Bundesregierung wird daher vermutlich mit weiteren umsetzungsschwachen EU-Staaten in der EU-Kommission dafür sorgen, dass die Wasserrahmenrichtlinie novelliert wird. Und dann ein neuer Zeitraum bis 2050 für die Umsetzung gilt.

Bayern hat 2019 den Fünfjahresplan erweitert und rüstet Hunderte Kläranlagen an bayerischen Flüssen nach, um Quecksilber aus dem Abwasser zu filtern. Quecksilber gehört zu den fünfundvierzig sogenannten »prioritären Stoffen«, die krebserregend sind oder den Hormonhaushalt schädigen und deswegen laut WRRL in Gewässern verboten sind. Sie haben laut der Richtlinie Priorität und müssten eigentlich als Erste aus den Gewässern. Die meisten prioritären und prioritär gefährlichen Stoffe gehören zur Chlorchemie, werden zur Kunststoff- oder Düngemittelherstellung verwendet oder bei der Aluminiumherstellung eingesetzt. In manchen Einsatzbereichen sind die prioritären Stoffe seit Jahren verboten, doch kommen sie in ungezählten Produkten und industriellen Prozessen weiterhin vor. Die fünfundvierzig prioritären Stoffe sind Supergifte und schädigen Mensch und Fisch gleichermaßen.

Neben der chemischen Qualität des Wassers prüfen die staatlichen Umweltexperten in Bayern auch siebenundsechzig Stoffe zur ökologischen Bewertung eines Flusses. »In rund fünfundneunzig Prozent der bayerischen Flusswasserkörper werden die Umweltqualitätsnormen für den Zeitraum des 3. Bewirtschaftungsplans (2014–2019) eingehalten«, teilt mir eine Sprecherin des Bayerischen Landesamts für Umwelt schriftlich mit.

Dennoch erreichen nur drei von 913 untersuchten bayerischen Flüssen einen »sehr guten ökologischen Zustand«, fünfzehn Prozent der Flüsse sind in »gutem ökologischen Zustand«. In anderen deutschen Bundesländern ist es nicht besser. Aber in Bayern kommen zu den Giften aus Landwirtschaft, Chemieindustrie, Autofahrerei auch viertausend kleine Wasserkraftwerke samt Wehren, die die Umsetzung der EU-Wasserrahmenrichtlinie behindern. Das ist einmalig in Deutschland. Und deswegen reden in Bayern auch Hunderte Landwirte, Mühlen- und Waldbesitzer, Sägewerksbetreiber und ihre Lobbyisten in den Wasserkraftwerksverbänden mit, wenn es um die biologische Vielfalt im Fluss geht.

Hauptstreitpunkt zwischen Kraftwerksbetreibern und den Umsetzern der EU-Wasserrahmenrichtlinie ist das »Mindestwasser«. Das ist die Wassermenge, die die Kraftwerksbetreiber im Fluss fließen lassen müssen, damit das Leben dort nicht vollends austrocknet. Bislang gelten Wassermengen, die »viel zu wenig für die Ökologie und zu viel für die Kraftwerksbetreiber« sind, sagt Markus Brandtner, der die Natur in den Fluss bringen will. »Unser ständiger Kampf mit dem Restwasser«, ergänzt Kleinwasserkraftvertreter Lang, der fordert, dass »die Wasserrahmenrichtlinie den

Gegebenheiten angepasst wird, dass es trockner wird«. Sein Kollege Josef Rampl von der Vereinigung der Wasserkraftwerke in Bayern wünscht sich eine »maßvolle Umsetzung« der WRRL. Und auch er meint damit: Mehr Wasser für die Wasserkraft als für den Fluss. Rampl vertritt rund hundertfünfzig Mühlenbetriebe, die mit der Energie aus ihren Wasserkraftwerken mahlen und den Überschuss ins Netz speisen. »Das sind wesentliche Bindeglieder der regionalen Wertschöpfung«, sagt Rampl am Telefon aus München. »Warum die Anlagen zurückbauen?«, fragt er. »Vielleicht vermissen wir sie eines Tages?«

Noch ist der Rückbau von Wehren einzigartig

Dürren werden sich in der Klimakrise auch in den Regionen Bayerns mehren, die von Natur aus regen- und schneereich sind. Der Kampf um das Mindestwasser geht erst los. Schon von Natur aus erreichen die Flüsse bei Dürre keinen »guten ökologischen Zustand«, wie von der EU-Wasserrahmenrichtlinie vorgeschrieben, denn je weniger Wasser, desto wärmer wird es im Sommer, und desto weniger Sauerstoff ist im Wasser. Katastrophal für Fische und für die gesetzestreuen Umsetzer der WRRL wird es dann, wenn von dem wenigen Wasser während einer Dürre auch noch Flusswasser in die Kanäle der Wasserkraftanlagen fließt. Fische ersticken, die Vorgaben der Wasserrahmenrichtlinie verdunsten. Mehr Wasser muss im Fluss bleiben, damit Fische, Muscheln, Krebse überleben.

Der Rückbau an der Windach ist noch einzigartig. Wir stehen zwischen rundgeschliffenen Steinen im Flussbett. Um uns zu zeigen, wohin ein Wildfluss führt, geht Wasserwirtschaftsexperte Brandtner in die Hocke und bohrt den Zeigefinger zwischen die stecknadelkopfgroßen gelblichen Steinchen, die sich locker am

Ufer gesammelt haben. »Richtiger Sand«, sagt er zufrieden, als hätte er ihn geschürft und nicht der seit knapp zwei Jahren wilde Fluss ihn frei gespült. Forellen und andere Fische der Wildflüsse laichen auf Kies und Sand, Bachmuscheln finden im lockeren Kiesbett eine Kinderstube. Noch vor einem Jahr verklebte Schlick den Sand, erzählt Brandtner dort, wo sich der Fluss jahrzehntelang zu einem trüben Tümpel am Wehr vor der Ableitung in den Mühlbach staute. Kolmation nennen das die Gewässerexperten, die Verkleisterung des Untergrunds mit lehmigen und pflanzlichen Schwebteilchen. Das ist nicht nur am Wehr ein Problem, sondern überall in Flüssen, die zu langsam fließen und in die zu viel Erdreich gespült wird. Am Wehr schiebt sich außerdem zusammen, was ein natürlicher Fluss aus den Bergen ins Tal spült und was Gewässerexperten »Geschiebe« nennen. Steine, Kiesel, Schwebteile, die in ungehindert fließenden Flüssen auf der Strecke bleiben. Zuerst sind es die großen Brocken in den Bergen, dann die kohlkopfgroßen Steine. Auf dem Weg in die Ebenen verlieren sich die Kiesel und die glatt geschliffenen Handschmeichler für die Hosentasche, im Flachland der Sand. Vor dem Wehr stauen sich auch Äste, Zweige, Blätter, die einen klaren Fluss dort in Brühe verwandeln. Auf 1,2 Kilometern hat die Windach nun wieder freien Fluss. Bis zur Mündung in die Amper in dreizehn Kilometern stauen sechs weitere kleine Wasserkraftanlagen den Fluss. Einfach abreißen geht nicht. Die Menschen im Ort Windach haben Häuser und die Feuerwehr an den Fluss gebaut. Die Mauer am Wehr einer kleinen Wasserkraftanlage schützt einen Sportplatz vor Überflutung. Über die Fundamente der Brücken laufen Straßen, die nicht einfach mal so abgerissen werden können. Denn auch entlang der seit Jahrzehnten genau so gebauten Straßen stehen Häuser, eine Schule, die Gastwirtschaft. Die Zivilisation hat sich um den gebändigten Fluss herum gebaut. Lässt man ihm freien Lauf, fehlen die Pfeiler und Stützen des zivilisatorischen Lebens.

Treibgut

Ein Anruf bei der Bachmuschel

Die Bachmuscheln in der Windach gehören zu den eher unscheinbaren Tieren, und das ist auch gut so. Je weniger sie auffallen, desto besser, denn Bachmuscheln *(Unio crassus)* sind fast ausgestorben und überleben nur in einigen naturnahen Flüssen, Bächen und sogar in dem einst von Menschen gebauten Mühlbach im Ort Windach. Zur großen Überraschung fanden Biologinnen 2015 die seltenen Tiere in dem Kanal, der seit Mitte des neunzehnten Jahrhunderts Wasser zur Mühle mitten im Ort führte. Bachmuscheln sind von der Fauna-Flora-Habitat-Richtlinie gesetzlich streng geschützt und dürfen nach dem deutschen Naturschutzgesetz nicht gestört, getötet oder vertrieben werden. Doch nachdem das Wehr in der Windach zerstört war und nicht wiederaufgebaut werden sollte, hatte der Mühlbach ausgesorgt. Das Wasser würde in Zukunft im Fluss fließen, der Mühlbach trockenfallen. Daher setzten die Wasserwirtschaftler im Jahr 2016 dreihundertsechs Bachmuscheln in die wieder frei fließende Windach um. Im Sommer 2020 fanden die Biologinnen und Biologen dort noch 136 Bachmuscheln. Ob die anderen mit der Windach stromabwärts gedriftet sind oder ein neuerdings an die Windach gezogener Fischotter sie gefressen hat, ist nicht bekannt. Vielleicht sind sie auch aus dem Blickfeld der Biologen gewandert.

Die Bachmuschel, auch Kleine Flussmuschel genannt, hat ebenso wie ihre direkten Verwandten Malermuschel, Große Teichmuschel und Große Flussmuschel einen Fuß. Üblicherweise verbirgt die Bachmuschel den Fuß zwischen den Schalenhälften, da sie ruhig am Grund des Flusses liegt. Will sie vorankommen, presst die Muschel Lymphflüssigkeit in den Fuß, öffnet die zwei Schalenhälften am vorderen Ende und streckt den Fuß hervor. Am Flussgrund verankert, zieht der Fuß den Körper nach, streckt sich wieder und zieht nach, bis die Muschel einen ihr genehmen Platz gefunden hat.

Die Bach-, Fluss- und Teichmuscheln säubern das Wasser in Flüssen, Seen und angeschlossenen Gewässern wie Gräben. Wie eine winzige Kläranlage filtern sie pflanzliche und tierische Schwebteilchen sowie die daran haftenden Chemikalien und Schwermetalle aus dem durch die Schalenhälften fließenden Wasser. Teich- und Bachmuscheln sind deswegen bedeutend für die Sauberkeit in einem Fluss oder See. Gewässerökologen zählen die Großmuschelarten zu den »Filtrierern und Destruenten« in den Gewässern. Auch Schnecken, etliche Insektenarten und ihre Larven, Krebse, Würmer und andere Tierklassen sind Destruenten, denn sie zersetzen das pflanzliche und tierische Material im Wasser. Viele von ihnen ziehen als Filtrierer auch tonnenweise Teilchen aus dem Wasser und säubern die Gewässer. Da Muscheln ständig Wasser durch sich hindurchlaufen lassen, reinigt eine Großmuschel wie die Bachmuschel vierzig Liter in der Stunde.

Bachmuscheln schaffen mit dem Filtern die Lebensbedingungen, in denen ihre Wirtsfische wie Bachforelle, Mühlkoppe, auch Groppe genannt, Aitel und Elritze gedeihen. Angler freuen sich daher, wenn Großmuscheln in den von ihnen genutzten Fischgründen leben.

Die Bachmuschelmutter stößt gerade mal 0,2 Millimeter große Larven aus der schützenden Muschelschale aus. Die Larven oder auch Glochidien strömen frei im Wasser; ihr Überleben hängt davon ab, dass eine Bachforelle oder ein anderer passender Fisch sie schluckt. Die Glochidien nisten sich dann in den ständig durchspülten Kiemen der Fische ein und entwickeln sich dort zu winzigen Muscheln. Diese parasitieren ein paar Wochen, ohne den Fisch zu schädigen, und sinken anschließend zu Boden. In natürlichen Flüssen fallen sie in den lockeren Kies und Sand am Grund. Im sogenannten hyporheischen Interstitial fließen Fluss- und Grundwasser zusammen, und ungezählte Tierchen und Mikroorganismen wie zum Beispiel Bakterien leben dort in den Zwischenräumen winziger Sandkörner und Kiesel. Die Bakterien bilden Rasenflächen, die das Flusswasser filtern, bevor es in das Grundwasser läuft. Der Flussgrund im hyporheischen Interstitial beherbergt den Großteil der Tierwelt und der Biomasse eines Flusses. Die kleinen Bachmuscheln finden also genügend Kleinstlebewesen in dem Wasser, das sie schon als Minimuschel durch sich hindurchfließen lassen. Da Oberflächen- und Grundwasser sich im lockeren Sand- und Kiesbett austauschen, haben sie auch ausreichend Sauerstoff zur Verfügung.

Geschützt und gut umspült, wachsen die Bachmuscheln bis zu drei Jahre im Kiesbett heran, bevor sie sich vom Fluss treiben lassen. Schon von Natur aus ist es eine gefährliche Jugend, denn in einem Fluss kann viel dazwischenströmen. Die Natur hat das berücksichtigt: Die Muschelmütter stoßen bis zu vierhunderttausend Glochidien aus, damit eine Handvoll durchkommt. Die Bau- und Wühlarbeiten des Menschen haben Bachmuscheln jedoch in der Evolution nicht verinnerlichen können. Bagger holen Kies aus den Flüssen, begradigen Flussbetten. An Land leiten Menschen mit Kanälen das Wasser aus Forsten und von Äckern ab, baggern Gräben aus, und jeder Regen schwemmt den unbefestigten Grund von Äckern und Baustellen in die Flüsse. Lehm, abgeschwemmter Humus, Kleinstteilchen von Land verstopfen die Zwischenräume zwischen den locker liegenden Sandkörnern und Kieselchen im Fluss. Das hyporheische Interstitial verkleistert, die jungen Bachmuscheln ersticken.

Die Flora-Fauna-Habitat-Richtlinie schützt die letzten

Bachmuschel-Bestände in Deutschland ebenso wie die wenigen Flussperlmuscheln *(Margaritifera margaritifera)* in den Bächen Bayerns. »Flussperlmuscheln können sich nicht mehr selbst reproduzieren«, sagt mir ein wissenschaftlicher Mitarbeiter am Muscheltelefon von der Koordinationsstelle Muschelschutz an der TU München. »Die Muscheln sind zu alt.« Die Wissenschaftlerinnen und Wissenschaftler um Professor Jürgen Geist vernetzen die Forschungsprojekte und Hilfsprogramme von Bach- und Flussperlmuscheln in Bayern. Damit Bürgerinnen und Bürger schnell und einfach eine seltene Sichtung der beiden Muschelarten melden können, unterhalten sie ein Muscheltelefon und die E-Mail-Adresse muschel@tum.de.

Flussperlmuscheln werden bis zu hundert Jahre alt, und die paar, die Flussbegradigungen, Wasserkraftwerke und die Düngung im zwanzigsten Jahrhundert überlebt haben, können nun nicht mehr. Sie sind zu alt zur Fortpflanzung. Das Umweltministerium Bayern finanziert zwei Zuchtstationen, in denen Flussperlmuscheln in Aquarien mit ihrem einzigen Wirtsfisch Bachforelle aufwachsen und dann ausgewildert werden. Die paar Tausend in den Flüssen lebenden Bachmuscheln können sich bislang noch allein vermehren – wenn alle Umstände stimmen.

Flussregenpfeifer

Drosselrohrsänger

Möwe

Trauerseeschwalbe

Schwarzstorch

Gänsesänger

Kormoran

Seeadler

Weißstorch

Nilgans

Eisvogel

Wasseramsel

Kranich

Libelle

Libelle

Biber

Fischotter

Bisam

Waschbär

Laubfrosch

Grasfrosch

Kreuzkröte

Kapitel 5

Panke oder wo geht's hier zum Meer

Die Panke ist der Punk unter den Flüssen Berlins. Sie fließt schwungvoll durch die Stadt und bleibt lange ein wildes Flüsschen, obwohl Berlin alles daransetzt, sie zu zivilisieren. Gerade strömt sie noch entlang eines verwilderten Ufers, verschwindet plötzlich in einem unterirdischen Kanal, taucht wie ein blasses Kellerkind wieder auf und wirbelt dann gleich wieder wie ein Wildfluss durch den Schlosspark in Pankow. Die Panke fließt sehr schnell für einen Flachlandfluss, der irgendwo in den Wiesen bei Bernau nördlich von Berlin entspringt. Aber sie ist eben Hauptstadt, man hat es eilig. Irgendwelche Wasserwerker beschlossen, kurz hinter der Berliner Stadtgrenze gleich mal das Tempo aus der Panke zu nehmen. Mehrfach wurden Treppen in den Fluss gebaut, um die Geschwindigkeit zu brechen.

An Kilometer 6,6 läuft die Panke über eine Fischtreppe im Park, ein Mädchen fischt mit einem Kescher vom Ufer aus in dem über die lang gezogenen Stufen laufenden Wasser. Sie mag sieben, acht Jahre alt sein und schert sich nicht um den Regen, der an diesem Nachmittag immer wieder in heftigen Schauern niedergeht. In einem Sektflaschenkühler aus durchsichtigem Kunststoff hält sie Flusswasser und einige Wasserpflanzen bereit, um ihren erhofften Fang dazuzusetzen. »Fische«, sagt sie, als ich sie frage, wonach sie die kurzen Wellen durchsiebt. Was sonst? Eine junge Frau mit spanischem Akzent kommt mit einem Regenschirm vom Uferweg herüber, wo sie auf das Mädchen wartet. Die Natur kann man sich in Berlin nicht aussuchen, man muss nehmen, was da ist, und den Mangel mit Fantasie ausgleichen. Spielen eben.

Die Panke mutet im Schlosspark Pankow und zwischen den Kleingartensiedlungen am Stadtrand, im Bürgerpark und den Wohnsiedlungen wild und natürlich an. Sie spült den Kindern die Freiheit der Flüsse mitten hinein in die Villen, City Lofts und Plattenbauten des Bezirks. Flüsse sind ja immer auch ein Versprechen für einen Aufbruch, für die große Reise, die wir antreten, um auszuziehen in die Welt, um Abenteuer zu bestehen, Gefährten zu finden, unser Leben zu gestalten und unsere Berufung zu leben. Flüsse tragen uns ans Meer, in die mythologische Weite der Reisen von Odysseus und Huckleberry Finn. Sie weiten unseren Blick, wenn wir mit den Augen dem Holzstück folgen, das auf dem Wasser seinem Ziel entgegenstrebt. Unbewusst verbinden wir uns mit den Flüssen auch mit dem Ursprung des Lebens. Wasser gibt Sicherheit, es bringt uns Fische und andere Nahrung, stillt unseren Durst. Wir sitzen gern am Meer, See und Fluss und schauen aufs Wasser, das uns beruhigt und uns die Gewissheit vermittelt, dass für uns gesorgt ist. Uns kann nichts passieren, wenn wir Wasser haben, denn Wasser bedeutet Leben für uns und unsere Sippe, so wie damals, als wir als Nomaden durch die Steppe und die Berge mäanderten, immer dem Fluss und dem Wasser folgten. Dieses Gefühl der Sicherheit haben wir seit jeher in uns, es ruht wie ein unterirdischer See in unserem Unbewussten und beruhigt uns auch dreihunderttausend Jahre nach der Menschwerdung.

In Flüssen lernt man, gegen den Strom zu schwimmen

Unser tiefinnerstes Bedürfnis ist es, in Kontakt mit dem Leben und der Natur zu sein, sagt der amerikanische Biologe und Ameisenforscher Edward O. Wilson in seiner These der Biophilie, der Liebe zum Leben und allem Lebendigen. Das bedeutet: Der Mensch braucht zum Leben das Leben. Wilson verdanken wir auch die Erkenntnis der Vielfalt in der Natur und den Ausdruck »Biodiversität«. Heutzutage erscheint es vollkommen klar, die Tiere, Lebensräume, Gene, Pflanzen, Mikroorganismen in ihrer Gesamtheit und biologischen Vielfalt zu betrachten und nicht als Einzelteile, in den 1980er-Jahren aber galt dies als revolutionär.

Mit der These der Biophilie vertritt Wilson die Ansicht, dass wir genetisch programmiert seien, ein lebendiges, natürliches Umfeld zu suchen. Die meiste Zeit seiner Entwicklung hat der Mensch in und mit der Natur existiert. Zwei Millionen Jahre lebten Hominiden, Menschenarten, in den Savannen Afrikas, bevor sich der Homo sapiens vor rund dreihunderttausend Jahren entwickelte. Vor zweihundertzehn- bis hundertzwanzigtausend Jahren machten sich unsere Vorfahren von dort auf und bevölkerten die Erde als Jäger und Sammler. Gerade mal vor rund achttausend Jahren haben sich die Menschen in Europa als Bauern niedergelassen, haben in großem Stil Tiere und Pflanzen domestiziert und die Lebensform entwickelt, die sie schließlich vor zweihundert Jahren bewogen hat, scharenweise die ländlichen Gebiete zu verlassen und überwiegend in Städte zu ziehen. Die Art, wie wir in einer hochentwickelten Industriegesellschaft wie in Deutschland leben, dauert menschheitsgeschichtlich nicht länger als ein Wimpernschlag. Auch mit dem Smartphone in der Hand leben wir unbewusst noch immer in der mit lockeren Baumgruppen bestandenen Savanne an einem Fluss.

Eine ganze Reihe von Wissenschaftlern hat seit Wilson untersucht, wie sich die Biophilie auf unser Leben in der Moderne auswirkt. Am bekanntesten ist das amerikanische Psychologenpaar Rachel und Stephen Kaplan, die einigen Hundert Freiwilligen in den USA, Argentinien und Australien Bilder von natürlichen und künstlichen Landschaften zeigten und sie dazu befragten. In der Naturerfahrung unseres kollektiven Unbewussten siedeln wir demnach am liebsten auf einem Hügel, von dem wir auf einen See oder einen Fluss inmitten von weitem Grasland schauen. Natürlich konnten weder die Kaplans noch andere Wissenschaftler beweisen, dass der moderne Mensch genetisch und seelisch am vergangenen Leben in der Wildnis hängt. Doch erstaunlicherweise zeichnen und erzählen zivilisierte Menschen weltweit von derselben natürlichen Landschaft, wenn sie ihre Vorstellung von Natur beschreiben sollen. Vor ihrem geistigen Auge sehen sie eine Wiese, durch die sich ein Fluss schlängelt. Sie selbst stehen auf einem Hügel und erblicken hinter der Wiese in erreichbarer Nähe einen Wald. Manchmal sehen sie auch noch einen See inmitten der leicht hügeligen Landschaft und grasfressende Tiere, die über die Wiese ziehen. Evolutionsbiologen meinen, dass diese Ideallandschaft ein Abbild der Landschaft ist, die der Mensch Tausende von Jahre bevorzugt besiedelt hat. Angefangen von der afrikanischen Steppe bis zur norddeutschen Ebene fand der Mensch zwischen Wald, Wiese und Fluss die natürlichen Bedingungen, die die besten Voraussetzungen für ein gutes Leben waren. Wasser brauchen wir zum Leben, Bäume sind ein idealer Schutz, vor allem wenn der Stamm niedrig ist und ausladende Äste den Boden fast berühren, sodass wir uns hinaufschwingen und in Sicherheit bringen können. Bäume bieten außerdem jede Menge Material für Bogen, Hütten, Kleidung, Nahrung, sie spenden Schatten und schützen vor Regen.

In Flüssen lernt man, gegen den Strom zu schwimmen. Durch Buxtehude, die Heimatstadt meiner Kindheit, fließt die Este, die, über sandigen Boden und auch im Sommer kalt, mit achtzig Metern Gefälle aus der Lüneburger Heide durch das Norddeutsche Tiefland rauscht und schließlich in die Elbe mündet. Die Este fließt so schnell, dass ich mich beim Baden am liebsten flussabwärts treiben ließ, aber die getreidelte Strecke hundekraulend wieder stromaufwärts paddeln musste, um zur Einstiegsstelle am Ufer zu gelangen. Als ich zehn, elf Jahre alt war, sauste ich mit meinem Freund Holger an einem heißen Sommertag auf Luftmatratzen die Este vom acht Kilometer entfernten Moisburg bis nach Buxtehude runter. Mein seefahrterprobter Vater brachte uns mit dem Auto bis ans Wehr in Moisburg, wo ich im Badeanzug und Holger in der Badehose jeweils auf eine gerippte Luftmatratze stiegen. Das Kopfteil der Matratze wippte in den Wellen und bot als Bug einen gewissen Schutz gegen das auf die Matratze fließende Wasser. Meine einzige Sorge war, dass der milchig weiße Gummistöpsel rausrutschen könnte und ich dann Schiffbruch erleiden würde. Bäuchlings trieben wir in rauschender Fahrt stundenlang durch die Wiesen und Auwälder bis in den Mühlteich von Buxtehude. Wir rochen wie die Matratze nach Gummi, hatten einen Sonnenbrand, als wir ankamen, und beschlossen, das nächste Mal das Schlauchboot von meinem großen Bruder zu nehmen. Darin konnten wir mit T-Shirt fahren.

Schon damals faszinierten mich die grünen und blauen Libellen, die wie Hubschrauber am Ufer in der Luft standen und manchmal an uns vorbeischossen. Weißstörche suchten in den Wiesen nach Fröschen und Mäusen. Biber gab es damals keine, die waren in den 1970er-Jahren am Flusssystem der Elbe westlich von Hamburg noch ausgestorben. Aus einem mir heute unerklärlichen Grund hatten wir Angst vor den Neunaugen, die wir in dem sandigen, manchmal schlammigen Grund der Este vermuteten. Jedes Mal, wenn wir ins Wasser sprangen, vermied ich es, lange mit den

Zehen den Grund zu berühren, aus Angst, ein Neunauge könnte sich daran festsaugen. Mein Vater brachte manchmal vom Fischen die aalartig aussehenden Neunaugen mit ihren riesigen Mäulern mit nach Hause. Er angelte nicht in der Este oder den anderen Flüssen der Gegend, sondern fischte mit Netzen wie seit alters in den norddeutschen Kanälen und Gräben, Wettern genannt, die das Marschland entwässern. Gemeinsam mit Freunden warf er Netze von den beiden Uferseiten in den Fluss oder in eine der unzähligen Wettern in den Wiesen und Obstgärten. Die einen links, die anderen rechts, schleppten sie das Netz durchs Wasser und hofften auf Barsche, Aale, Karpfen, aber meistens fingen sie nichts, und manchmal brachte er nur einen Eimer Neunaugen mit. Mit riesigen Mäulern sogen sie sich am Rand des Eimers und am Deckel fest und glotzten hilflos. Die Flussneunaugen *(Lampetra fluviatilis)* haben keine neun Augen, sondern hinter jedem ihrer zwei Augen eine Reihe von sieben Kiemenspalten, die ihnen zusammen mit dem Auge und dem kieferlosen Maul den Namen einbrachten. Sie leben die meiste Zeit ihres Lebens als zahnlose, blinde Larve im sandigen, schlammigen Grund von Flüssen, die in die Nord- oder Ostsee oder in Südwesteuropa in den Atlantik und ins Mittelmeer münden. Drei bis fünf Jahre lang verbringen diese Querder genannten Tiere im Larvenstadium im gut durchspülten Boden sauberer Flüsse, stecken ihr Maul aus dem Sand und filtern pflanzliche und tierische Schwebteilchen aus dem Wasser. Mit zehn bis fünfzehn Zentimetern Länge verwandeln sie sich im März in den uns bekannten Fisch, entwickeln Augen, Darm und scharfe Hornzähne und wandern ins Meer. Dort beginnt die Phase ihres Lebens, die ich als Kind in der Este so fürchtete und von der mir mein Vater erzählt hatte: Die Flussneunaugen saugen sich an einem Fisch wie Kabeljau beziehungsweise Dorsch oder Hering fest, raspeln mit scharfen Zähnen Haut und Fleisch ab und bohren sich tief ins Gewebe. Nach ihrem Leben als Parasit im Meer schwimmen sie im Herbst in einen Fluss, entwickeln den Darm zurück und fressen fortan nichts mehr. Im Fluss angekommen, laichen sie ab und sterben kurz darauf. Die Neunaugen im Fischeimer meines Vaters waren also kurz vor ihrem natürlichen Lebensende. Ich hoffe, sie hatten schon für Nachkommen gesorgt. Auf jeden Fall wären sie harmlos gewesen, wäre ich jemals auf einen von ihnen getreten.

Auch die mit ihnen verwandten Bachneunaugen *(Lampetra planeri)* interessieren sich nicht für über den Flussgrund tastende Kinderfüße. Die Querder der Bachneunaugen leben drei bis sechs Jahre im sandigen Grund, filtern ebenfalls Schwebeteilchen und Plankton aus dem fließenden Wasser, wachsen jahrelang heran und verwandeln sich schließlich zwischen Spätsommer und dem darauffolgenden Frühling in ein geschlechtsreifes Tier, das wir als Bachneunauge kennen. Während der Zeit bilden auch sie den Darm zurück, denn ihre einzige Aufgabe in der Natur und Evolution ist es, noch zu laichen. Als erwachsene fortpflanzungsfähige Fische fressen Bachneunaugen nichts mehr. Sie treffen sich mit anderen Bachneunaugen, schlagen gemeinsam Laichgruben in den sandigen, kieselsteinreichen Untergrund, legen Eier hinein und leben noch ein paar Wochen im Fluss. Nachdem die Larven nach zwei bis drei Wochen geschlüpft sind, suchen sie sich ruhige Flussschleifen und graben sich in den Boden.

Fluss- und Bachneunaugen sind Zeigerarten für saubere, wasserreiche Flüsse und wurden deswegen in die Fauna-Flora-Habitat-Richtlinie (FFH-Richtlinie) der EU als besonders geschützte Tierarten aufgenommen. Flussneunaugen sind in vielen Flüssen ausgestorben, verschollen oder extrem selten. Wenn ich mich heute sorgen würde, mit nackten Füßen über einen sandigen Flussgrund zu laufen, dann, weil ich so die Kinderstuben der Neunaugen zerstören könnte. Ihre kalten Flüsse und Bäche mit sandigen Böden gibt es kaum noch. Die bleistiftdicken Bachneunaugen leben noch hier und dort, denn sie müssen für ihre Entwicklung immerhin nicht ins Meer und wieder zurück schwimmen. Flussneunaugen haben sich im Atlantik und den angrenzenden Meeren im Laufe der vergangenen Millionen Jahre an Kabeljau beziehungsweise Dorsch und Hering angepasst. Vermutlich finden sie nicht mehr genügend Fische, denn deren Bestände sind überfischt und die Arten bedroht, wie der Dorsch in der Westlichen Ostsee. Im Sommer 2021 meldete der WWF, dass der Bestand zusammenbreche. Der Dorsch verschwindet. Oder die Neunaugen werden von den Schleppnetzen der Fischindustrie gleich mit gefangen und vernichtet. Die Flussneunaugen sind so selten geworden, dass sie wohl kaum noch auf ein gesundes Ökosystem im Bach oder Fluss hinweisen können.

Vielleicht noch einen oder zwei Sommer lang fuhren wir mit dem orange-weißen Schlauchboot meines Bruders auf der Este stromab, lernten paddeln, manövrieren, anlegen und: nicht zu kentern! Nachdem ich aus dem Schlauchboot herausgewachsen war, segelte ich mit Freunden auf der nahen Elbe, die zwischen der Estemündung bei Cranz im Alten Land und Hamburg und gen Westen Richtung Nordsee schon fast so breit wie ein Meeresarm ist. Inseln liegen da im Strom, die eine wild und unbewohnt, auf einer anderen steht ein Gefängnis, und wir fragten uns zwischen Luv und Lee, wie es wohl wäre, wenn einer der Jungs abhauen würde und wir ihn mitten im Fluss aufnehmen würden. So weit kam es nie. Wir zelteten auf der Insel Hanskalbsand, schauten aus sicherer Entfernung auf den Knast, tranken Bier aus der Flasche und aßen Ravioli aus der Dose, die wir auf Campingkochern wärmten. Nur hinter den Büschen, im Inselinneren, machten wir ein Feuer, um die Schiffe nicht abzulenken. Bei Flut schauten wir den Frachtern und Überseedampfern auf ihrer Fahrt zwischen Hamburger Hafen und Nordsee zu, die Wellen schwappten mit Verzögerung an das sandige Ufer und vermittelten uns den Sound des Meeres.

Die Elbinseln stehen seit Jahren unter Naturschutz und sind streng geschützte Gebiete nach der europäischen FFH-Richtlinie. Betreten total verboten. Wenn ich heute an die Sommertage zwischen einem Leben auf Inseln und Segelbooten denke, sehe ich Huckleberry Finn vor mir, der auf der Flucht und der Suche nach seinem Platz im Leben mit dem Floß den Mississippi hinuntertreibt. Unsere Segeltörns waren nur Spaß und Abenteuer, wir kreuzten auf der zwei Kilometer breiten Elbe und segelten nicht weiter stromab mit den Frachtern von Hamburg Süd und Hapag Lloyd, denn Nordsee ist Mordsee. Und dennoch ahnten wir, dass mit der Reise auf der Elbe unsere Kindheit in der Kleinstadt am Fluss endete.

Waschbären und Amerikanische Sumpfkrebse lieben Berlin

Panke, Havel, Spree, Wuhle und Dahme durchfließen Berlin aus Norden, Osten und Süden und streben gen Westen, um irgendwo in der Elbe zu münden oder mit anderen zuvor erreichten Flüssen darin aufzugehen. Dreihundertdreißig Kilometer lang fließen die Flüsse, Bäche und zahlreichen Kanäle durch Berlin und machen mit ihren Ufern einen großen Teil der Natur in der Stadt aus. Rund sieben Prozent Berlins sind Wasserfläche, und immer wenn Wasser und Land zusammentreffen, steigt die biologische Vielfalt. Berlin gehört zu den artenreichsten Bundesländern und ist am Wasser, zu Lande und in der Luft eine wilde Stadt. Auch eine ganze Menge Insekten, Vögel, Säugetiere und andere Tierarten, die von Natur aus nicht in Kontinentaleuropa angesiedelt waren, haben in Berlin einen Lebensraum gefunden. Silbermöwen und Mittelmeermöwen brüten auf dem Kanzleramt und auf dem Flachdach eines Einkaufszentrums am Alexanderplatz. Biber leben im Landwehrkanal in Berlin-Mitte und hinterlassen abgenagte Weidenstecken im Stadtpark Tiergarten. Sie sind entlang von Havel und Spree nach Berlin gekommen und besiedeln die ihnen passenden Flussabschnitte. Immer wieder beeindruckend finde ich, dass sich die Biber nicht an Menschen oder den von Menschen angelegten Strukturen stören, solange sie ausreichend Nahrung und einen Platz für ihren Bau finden. Am Ufer der Spree leben Biber zwischen einem Zementwerk am Stichkanal Rummelsburg und dem Spreepark mit Riesenrad und den gestürzten Dinosaurierfiguren. Ausflugsdampfer tuckern vorbei, Transportschiffe laden Elektroschott am Recyclinghof. Auf motorisierten Flößen und Hausbooten, in Kanus und in den Armadas von aneinandergebundenen Schlauchbooten machen Berliner zwischen März und Oktober Party im Biberrevier.

Die Spree speist auch die Kanäle und natürlich anmutenden Gewässer im Tiergarten. Der Park ähnelt unserer kollektiven Idealvorstellung von weiten, mit Gras bestandenen Flächen mit lockeren Baumgruppen, Seen und Flüsschen und bietet Dachsen, Waschbären, Bibern, Mäusebussarden, Grau- und Silberreihern, Eichhörnchen einen Lebensraum in der Stadt.

Auf einem Sandweg entlang eines der Seen traf ich mal auf einen Krebs, der mir drohend die langen Scheren entgegenstreckte, als ich mich über ihn beugte und ihn näher betrachtete. Ein Roter Amerikanischer Sumpfkrebs *(Procambarus clarkii)*, der hier gar nichts zu suchen hatte, auch wenn er sich vermutlich sehr wohl im nahen Teich fühlte. Die Amerikanischen Sumpfkrebse sind eine Pest, ebenso wie die Pilze, die sie mit sich tragen und die das Corona der europäischen Sumpfkrebse sind. Sie können sich nicht gegen die Pilzerkrankung wehren, ebenso wenig gegen die aggressiven und extrem wehrhaften amerikanischen Sumpfkrebse. Die europäischen Flusskrebsarten in Deutschland haben es in den flächendeckend verschmutzten Flüssen ohnehin schwer, doch Krebspest und die amerikanischen Verwandten könnten ihnen den Rest geben. Die Roten Amerikanischen Sumpfkrebse fressen den Laich von Fischen und Fröschen und zerstören die Ökosysteme in Flüssen, Teichen und Seen. Die EU listet sie als invasive Art. Vermutlich haben Aquarienbesitzer die Roten Amerikanischen Sumpfkrebse in den Gewässern im Tiergarten ausgesetzt, wo sie sich prächtig vermehren. Manche Hauptstädter haben sie als »Berlin Lobster« auf die Speisekarte gesetzt.

Am Ufer der Panke nördlich des Schlossparks entdecke ich Fußabdrücke im Matsch: Fünf Finger an einem Mittelhandballen, fast auf gleicher Höhe daneben ein zweiter Abdruck, ebenfalls fünf Zehen und ein Pfotenballen wie eine menschliche Sohle, zeigen mir, dass hier ein Waschbär am Ufer entlangging und die steile Böschung erklomm.

Lange kann es nicht her sein, die Konturen der Pfotenabdrücke sind deutlich sichtbar, und vor einer guten Stunde ging einer der heutigen Sturzregen herunter, der das Trittsiegel verwaschen hätte. Links des Flusses verläuft die Autobahn, rechts reihen sich die Häuschen einer Kleingartenanlage, an den Uferstreifen wachsen Gebüsch, Weiden, Ahorne, Linden. Ein wunderbar geeigneter Lebensraum für den Waschbären, der hier seine Ruhe hat, in der Panke mal einen Krebs und am Ufer Schnecken findet. In den Kleingärten locken Komposthaufen, und sicherlich bleibt mal hier eine Banane unter der Gartenschaukel und dort ein Grillwurstzipfel liegen. Waschbären gehören zu den Kleinbären und fressen alles. Aber sie fressen vor allem die Sachen, die am meisten vorhanden sind, hat die Wildbiologin Berit Annika Michler in einer fünfjährigen Untersuchung in Mecklenburg-Vorpommern herausgefunden. Und da Waschbären sich am wohlsten in feuchten Mischwäldern, an baumbestandenen Seen und Flussufern fühlen, ernähren sie sich hauptsächlich von Regenwürmern, Schnecken und Muscheln. Sie sind keine großen Jäger, sondern Sammler und fressen deswegen auch Brombeeren, Himbeeren, Pflaumen, Kirschen und was Büsche und Bäume sonst noch an zucker- oder fetthaltigen Früchten hergeben. Waschbären haben also ein ähnliches Nahrungsspektrum wie Dachse. Doch anders als Dachse klettern Waschbären sehr behände in die Baumkronen, leben dort mit ihren Jungen oder verschlafen den Tag. Sie stehen daher im Verdacht, Vogelnester zu plündern und sowohl Jungvögel als auch Eier zu fressen. Doch ihr schlechter Ruf bei Naturschützern und Ornithologinnen ist unbegründet. »Nur etwa zehn Prozent der Biomasse, die die Waschbären zu sich nehmen, entfällt auf Wirbeltiere wie Eidechsen, Frösche und Vögel – oder auch Vogeleier«, sagt Berit Annika Michler, nachdem sie Hunderte von Kotwürstchen ihrer sechzig mit einem Peilsender versehenen Waschbärprobanden untersuchte. Wenn sie Singvogelküken aus den Nestern holten, dann hielten sie sich an Kohlmeisen und Rabenvögel. »Wie unsere Daten zeigen, gilt aber auch hier: Waschbären fressen das, was ohnehin in großer Zahl da ist.«

Vom Boden am Ufer der Panke blicke ich hinauf in die Baumkronen, um den Waschbären dort zu entdecken. Die Waschbären wandern entlang der Panke und den anderen Flüssen aus Brandenburg nach Berlin ein. Sie sind die Nachkommen von ehemals in Pelztierfarmen gezüchteten Waschbären. Ursprünglich stammen sie aus Nordamerika und wären wie die Roten Sumpfkrebse von allein nicht nach Deutschland gekommen. Angeblich wurde eine Pelztierfarm im Märkischen Oderland in Brandenburg während des Zweiten Weltkriegs von einer Fliegerbombe getroffen, und die Waschbären konnten fliehen. Auch nach dem Krieg sind vermutlich immer wieder Waschbären von einer der Zuchtfarmen in der DDR geflohen und haben sich in die nassen Wälder an Seen und Flüssen gerettet. Ihre Nachkommen bilden die ostdeutsche Population der Waschbären, die mittlerweile bis an die Elbe vorgedrungen ist. In Westdeutschland hat Freiherr von Berlepsch 1934 Waschbären am Edersee in Hessen ausgesetzt und damit die Gemeinschaft der West-Waschbären begründet. Die Nachkommen dieser Populationen breiten sich hauptsächlich nach Süden und Westen aus und überlassen Berlin den Ostlern.

An der Löffelbrücke gegenüber der Feuerwehr Pankow höre ich einen Sprosser trällern, schön wie die Nachtigall. Autogeräusche überrauschen das sanfte Fließen der Panke. Der Fluss verschwindet bald wieder hinter den Häusern der Parkstraße und in dunklen Löchern, doch ich erwische ihn noch mal, wie er über sandigen Grund und Matten von langblättrigen Wasserpflanzen fließt. Vom breiten Weg durch den Bürgerpark Pankow habe ich mich durch die Büsche geschlagen. Zwei faustgroße Entenküken queren allein den Fluss, ach nein, da segelt die Entenmutter hinterher. Eine ältere Dame mit Einkaufsbeutel kommt auf einem Trampelpfad am Ufer entlang. »So rutschig hier«, sagt sie, als sie an mir vorbeigeht. Ich widerstehe der Versuchung, Schuhe und Strümpfe auszuziehen und mit hochgekrempelten Hosenbeinen in die Panke hineinzuwaten.

»Am Schiffbauerdamm Numma zwee, da fließt de Panke in de Spree«, wissen Berliner, und auch wenn die Hausnummer nicht mehr stimmt, mündet die Panke seit hundertvierzig Jahren in Stadtmitte in die Spree. Heutzutage steht das Berliner Ensemble darüber und zeigt mir immer, nach welcher Stelle in der Kaimauer ich suchen muss. Von dem Fluss ist da schon lange nichts mehr zu erkennen, die Stadt hat ihn in Rohren, Tunneln und Kanälen verschluckt. Aus einem mit Backsteinen ummauerten Kanalloch mündet die Panke in die Spree. Überzivilisiert, aber ab der Kaimauer auf dem Weg Richtung Nordsee.

Kapitel 6

Bode, Ilse, Buchen und der Wald im Harz

Die Wasseramseln flitzen im Bodetal dicht oberhalb des Wassers, entlang des rauschenden Flusses, mäandrieren im Flug die Kurven mit, als wären sie selbst der Fluss. Ich frage mich, ob sie bei ihren Tauchgängen so schnell mit den Flügeln unter Wasser schlagen wie in der Luft. Stark sind sie, sie tauchen hinab in die gurgelnde, rauschende Bode auf ihrem Weg aus dem Harz. Auf einem Felsen, spitz wie ein Toblerone-Schokozacken, einen langen Schritt vom Ufer entfernt, habe ich durch die zartgrünen Blätter der Bäume mehrere weiße Vogelschisse entdeckt. Der Stein ist ein typischer Ansitz von Wasseramseln, die von dort das Treiben im Fluss beobachten, auf einem Bein stehend vor sich hin dösen oder sich in die Fluten stürzen, auf der Jagd nach Larven von Eintagsfliegen oder Kriebelmücken unter Wasser.

Auf solchen Steinen hocken sie auch und putzen ihr Gefieder, wie ich am oberen Lauf der Loisach beobachtete. Mit dem Schnabel zwickelte eine Wasseramsel am Brustkorb und unter dem rechten Flügel herum, als wollte sie Ast für Ast jeder Feder und Daune in Ordnung bringen. Dann und wann steckte sie den Kopf unter die Schwanzfedern und verteilte von dort mit flinken Kopfbewegungen das Fett ihrer Bürzeldrüse über die Federn am ganzen Körper. Nass werden Wasseramseln nicht, denn ihr Gefieder ist wasserabweisend, was ich immer dann beobachtet habe, wenn eine Wasseramsel aus dem Fluss auftauchte und das Wasser von ihr abperlte. Während ich jetzt den unter mir liegenden Flussabschnitt im Bodetal nach einer Wasseramsel absuche und keine entdecke, höre ich ein metallisches Schnarren hinter dem grünen Blättervorhang, und schon flitzt sie durchs Bild, dicht über dem Wasser und fort aus meinem Blickfeld.

Eine Wasseramsel jagt nicht so wie ein Eisvogel, der sich zielgerichtet wie ein Turmspringer kopfüber ins Wasser auf einen vorbeischwimmenden Fisch stürzt. Eisvögel sind Jäger, die von hoher Warte auf einem Ast über dem Fluss ihre Beute erspähen, springen, zugreifen, unter Wasser wenden, mit dem Fisch im Schnabel auftauchen und davonfliegen. Wasseramseln hingegen gehören zu den Sammlerinnen, auch wenn sie von Felsen abspringen und mit dem Schnabel voran ins Wasser tauchen. Oft starten sie vom Ufer. Sie stehen im seichten Wasser, tauchen den Kopf unter und lugen mit weit geöffneten Augen, was sich im Bach tut. Oder sie paddeln mit ihren krallenbewehrten Füßen voran, die langen Zehen weit gestreckt, Schnabel und Augen unter Wasser. Sichten sie eine lohnende Beute, wie eine am Flussgrund laufende Köcherfliegenlarve mit ihrem Haus aus Sandkieselsteinchen, tauchen Wasseramseln mit der Fließrichtung hinab und picken sie auf. Der Ornithologe Urs Glutz von Blotzheim hat die Tauchgänge und die Länge der Tauchgänge von Wasseramseln gezählt. Ein Tauchgang dauert zwischen einer und fünfzehn Sekunden und wird oft mehrere Minuten lang hintereinander wiederholt. Da die Wasseramsel die meiste Zeit des Tages mit Nahrungssuche beschäftigt ist, taucht sie von morgens bis abends rund tausendsechshundert Mal. Sie ist also mehr als zwei Stunden täglich unter Wasser. Wasseramseln nutzen die Strömung, um hinabzukommen, doch treiben sie auch mit kräftigen Schlägen ihrer Armschwingen voran. Und sie tauchen tief: Meistens bewegen sie sich bis in 1,20 oder 1,50 Meter Tiefe, doch können sie auch bis zu zwei Meter hinabtauchen. Welch einen Wasserdruck die Vögel dabei auszuhalten haben, kann jeder beim nächsten Besuch im Schwimmbad ausprobieren und einfach mal versuchen, den Kopf auf den Beckenboden in zwei Meter Tiefe zu legen.

Schnabelgerechte Tierchen schlucken Wasseramseln vermutlich beim Tauchen gleich runter, Köcherfliegenlarven und anderes größeres, härteres Getier sammeln sie manchmal der Reihe nach im Schnabel und bringen gleich mehrere Beutetiere an Land, um sie zu bearbeiten. Dort walken sie die härteren Tiere, bis sie weich genug sind, um sie zu verschlucken. Um an die saftigen, proteinhaltigen Larven der Köcherfliegen zu kommen, haben Wasseramseln eine besondere Technik entwickelt. Mit dem Schnabel quetschen sie den Köcher der Länge nach. Kommt die Larve nicht freiwillig raus, schlagen die Wasseramseln den Köcher auf einen Stein, einmal, noch mal links, dann rechts, und schließlich schmettern sie den ganzen Köcher auf einen Stein. Sobald sich die benommene Larve aus ihrem schützenden Panzer bewegt, pickt die Wasseramsel sie geschwind, verspeist sie selbst oder füttert ihre Jungen damit. Auch größere Insekten oder sehr kleine Fische schleudert die Wasseramsel auf Steine, schüttelt sie, taucht sie ins Wasser, bevor sie sie frisst.

An Land sehen Wasseramseln manchmal etwas plump und kugelig aus, doch sie haben sich perfekt an das Leben unter Wasser angepasst. Beim Tauchen strecken sie Kopf, Hals, Körper und Schwanz lang, legen die Flügel an und gleiten aquadynamisch zu Boden. Geht es nicht schnell genug, treiben sie sich mit kräftigen Schlägen der Flügel voran, wobei sie laut Biologen ausschließlich die Armschwingen nutzen. Der Flügel von Vögeln ist im Prinzip wie unser Arm aufgebaut, weshalb Vögel Arm- und Handschwingen haben. Die Handschwingen sitzen – wie unsere Hände – am äußeren Ende. Wenn wir kurz darüber nachdenken, wie wir schwimmen, wird klar, dass die Kraft beim Tauchen aus den Armen kommt und nicht aus den Händen. Selbst beobachten konnte ich die Tauchgänge der Wasseramsel leider noch nie, denn obwohl ich in früheren Jahren eine Zeit lang Synchronschwimmerin war und noch immer einigermaßen virtuos tauche, kann ich es mit der Wasseramsel nicht aufnehmen. Ihre Lieblingsflüsse und Bäche fließen schnell, ja, stürzen sich die Berge herab, haben ein von Steinen übersätes Flussbett und sind eigentlich immer kalt, weil die Wasseramsel am liebsten in den Bergtälern von Alpen oder Mittelgebirgen lebt. Wie sie lugt, taucht, schwimmt, habe ich auf Fotos gesehen, die der Zoologe Rudolf Diesel in einem Becken im Alpenzoo Innsbruck machte.

Am Ufer und auf dem Flussgrund laufen Wasseramseln, stöbern zwischen Steinen, spähen in die Spalten zwischen Kieseln und Felsen, drehen Kiesel, schleudern sie fort, um Köcherfliegenlarven, die Larven der Eintagsfliegen und Steinfliegen, Flohkrebse und Schnecken zu sammeln. Um mir besser vorzustellen, wie Wasseramseln die Steine wälzen, denke ich an Amseln im Garten, die entschlossen im Laub wühlen oder Grasstücke aus dem Rasen hacken und von sich schleudern. Wasseramseln *(Cinclus cinclus)* und Amseln *(Turdus merula)* sind verwandt, wenngleich sie nicht derselben Familie zugeordnet werden. Amseln gehören zur Familie der Drosseln *(Turdus)*, die in Deutschland lebende Eurasische Wasseramsel bildet mit ihren vier weltweit verstreuten Wasseramsel-Verwandten wie der Grauwasseramsel in Nordamerika oder der Flusswasseramsel in Asien die Familie *Cinclus*. Die von Schottland über Nordafrika und den Iran bis in den Himalaya lebende *Cinclus cinclus* hat bislang dreizehn bekannte Unterarten gebildet. In Deutschland treffen wir *Cinclus cinclus aquaticus*.

Wasseramseln sind, biologisch nicht korrekt ausgedrückt, eine Klasse für sich, finde ich. Sie haben sich perfekt an das Leben in und am Fluss angepasst, halten Wassertemperaturen von unter zehn Grad Celsius aus, tauchen durch starke Strömungen, sehen unter Wasser scharf, hören durch die sprudelnde Strömung den Ruf ihrer Artgenossen. Sie sind die einzigen Singvögel, die die ökologische Nische »unter Wasser in schnellen Flüssen« erobert und behauptet haben.

Hinunter an das Ufer kann ich nicht, die Bode drängelt sich in ihrem Trogtal dicht am Gestein entlang. Die Ufer sind steil, Geröllbrocken liegen unwegsam, das Moos sieht glitschig aus und hält mich zurück am oberen Uferweg. An mehreren Flussschleifen fallen kahle Felswände ab, bilden eine Schlucht, durch die die Bode saust wie ein Wildfluss durch eine Klamm der Alpen. Die Bode ist im zivilisierten Harz ein echter Hingucker, und an diesem nasskalten und regnerischen Dienstag im Mai treffe ich viele Wanderer zu zweit oder zu dritt und in Familien auf dem Weg durchs Tal. Am Eingang in das Bodetal bei Thale können Besucher und Besucherinnen auch mit dem Sessellift auf die Bülowshöhe schweben und die Schluchten der Bode von oben betrachten. Oder mit der Seilbahn auf den Hexentanzplatz sausen.

Das Bodetal gehört zu den naturtouristischen Highlights im Ost-Harz, außerhalb des Nationalparks. Die durch Felsschluchten mäandernde Bode vermittelt einen seltenen Eindruck von Wildnis und Natur im mit Millionen Fichten bepflanzten Harz. Fichten, Fichten, Fichten, egal ob im Ost-Harz von Sachsen-Anhalt oder im West-Harz von Niedersachsen, die seit dem ersten Dürrejahr 2018 vertrocknen. Im engen, trogförmigen Tal der Bode wachsen Bergulmen und Erlen am Ufer, Buchen tauchen mit ihren Mai-Blättern das Tal in hellgrünes Licht. Eichen wurzeln zwischen den Gesteinsbrocken der Blockschutthalden, auf den mit Magerrasen bewachsenen Vorsprüngen haben Birken gekeimt. Rotbuchen, Eschen, Hainbuchen, Bergahorne bilden entlang der Bode den Laubmischwald, der im Harz von Natur aus vorkommt. Buschwindröschen sprießen am Boden, es riecht nach Waldmeister, Wald-Simsen stehen flattrig.

Die Ilse und der Wald

Flüsse erzählen uns allerorten Geschichten über das Land an ihren Ufern, über das Wirtschaften und Werkeln der Menschen, über ihre Kultur und ihre Wertschätzung für den Fluss und seine Natur. Am Ufer der Ilse gleich hinter Ilsenburg erkenne ich einen Pfad im Buchenlaub, vielleicht einen Meter oberhalb der Wasserlinie. Ein Trampelpfad, zu breit für den regelmäßig begangenen Pfad von Wildtieren. Und warum sollten Rothirsche oder Füchse auch entlang des Ufers, immer auf gleicher Höhe zum Fluss laufen? Flößer haben über die Jahrhunderte den Weg in den Waldboden getreten, Fuß für Fuß, bergauf, bergab, Jahr um Jahr, wenn sie die Stämme der Fichten vom Brocken herab getreidelt haben. Auf einer Informationstafel des Nationalparks habe ich von den Treidelpfaden gelesen und auf einem Schwarz-Weiß-Foto Flößer um die Jahrhundertwende bei ihrer Arbeit gesehen. Da der Pfad so eindeutig immer auf gleicher Höhe zum Wasser läuft und an manchen Stellen überwachsen ist, kann er nicht von Wanderern stammen. Ich laufe auf dem alten Flößerpfad entlang des linken Ufers, erkenne den Pfad auf der gegenüberliegenden Uferseite und bin erstaunt, dass der Weg sich so viele Jahrzehnte, nachdem die Flößerei eingestellt wurde, noch im Waldboden abzeichnet.

Die Ilse ist kein breiter Fluss, eigentlich ein richtiger Waldbach, der über Felsen ins Tal rauscht und in Kuhlen und Gumpen, hinter Steinen und unter Wurzelüberhängen die Nischen für allerlei ans Wasser gebundene Tiere schafft. All die Mücken und Fliegenarten, die uns im Wald vor der Nase surren, wachsen als Larven in den Waldbächen heran und nähren die jungen, selbst noch larvenartigen Feuersalamander. Sie entwickeln sich in den Flusskuhlen und kleinen nassen Nischen an der Ilse und steigen erst als ausgewachsene Tiere an Land.

Nach ein paar Hundert Metern kehre ich vom Flößerpfad zurück auf den Weg, der entlang der Ilse durch Buchen- und Laubmischwälder, später auch durch die Fichten auf den Brocken führt. Amseln keckern, Kohlmeisen ziepen, eine Rötelmaus raschelt am Brückenkopf im Gestrüpp und verschwindet unter den Bohlen der Brücke. Die Rotbuchen, Erlen, Bergahorne am Ufer treiben zartgrüne Blätter, die in diesem kalten Mai schon fast ihre volle Größe erreicht haben. Hier und dort stehen Fichten, die auf dieser Höhe von rund fünfhundert Metern gar nichts zu suchen haben und die sichtbar unter den wärmeren Temperaturen der Klimakrise leiden. Von einer nadellosen Fichte blättert die Borke. Von einer anderen hat ein Schwarzspecht plattenweise Rinde gemeißelt, um Larven, Asseln, Käfer und anderes Getier darunter zu finden. Wie Laufstege liegen gestürzte, abgebrochene und abgesägte Fichtenstämme über der Ilse, die darunter plätschert wie zu den Zeiten, als Heinrich Heine hier vom Brocken herabstieg. »Das ist nun die Ilse, die liebliche, süße Ilse. Sie zieht sich durch das gesegnete Ilsetal, an dessen beiden Seiten sich die Berge allmählich höher erheben, und diese sind, bis zu ihrem Fuße, meistens mit Buchen, Eichen und gewöhnlichem Blattgesträuche bewachsen, nicht mit Tannen und anderem Nadelholz«, schrieb er in seiner »Harzreise« im Jahr 1824, wie ich auf einer der Schautafeln des Nationalparks lese. Heinrich Heine war einer der letzten Zeitzeugen des Waldes im Harz, wie er von Natur aus war. Zu seiner Zeit wuchsen dort Buchen, Bergulmen, Eschen, Eichen, Tannen, Eiben. Ein Laubmischwald, der Heine ebenso verzückte wie Jahre zuvor Goethe, der das Bodetal durchwanderte. Erst hoch oben, kurz vorm Brocken, durchschritten sie alpine Fichtenwälder, in Nebel gehüllt, von kaltem Regen und Nordseewinden umtost. Der romantische Blick auf den Wald im Harz hat seitdem ganze Generationen von Deutschen geprägt, angeblich sind wir ja besonders verwoben mit dem Wald. Als edle Wilde kamen die Germanen laut einer Legende aus dem Walde, bevor sie verstädterten. Seit der Romantik stillen die Teutonen ihre Sehnsucht nach dem Wald im Tannengrün, erblicken in den Kathedralen der Buchenwälder das Erhabene. Im Harz finden wir flächendeckend Fichten, die nicht von der Liebe der Deutschen zum Wald, sondern von einem vollkommen gestörten Verhältnis zur Natur erzählen. Mal stehen die Fichten dunkel, mal silberweiß, immer unnatürlich in Reih und Glied, von Menschen für die Forstwirtschaft gepflanzt. Moore wurden dafür trockengelegt, Bäche umgeleitet, Entwässerungskanäle in den Wald gegraben, um das Wasser herauszuleiten und Forststraßen trocken zu halten.

Mindestens fünftausend Hektar mit Fichten sind von 2018 bis 2020 im Nationalpark Harz vertrocknet. Im angrenzenden Forstbetrieb Oberharz des Landes Sachsen-Anhalt sind achttausend Hektar Fichtenforst in den drei Jahren Dürre abgestorben. Das ist gut die Hälfte der Fichtenfläche des Betriebs, erzählt mir der Forstamtsleiter am Telefon. Insgesamt bewirtschaftet er 19 720 Hektar für den Landesforst Sachsen-Anhalt in mehreren Revieren im Harz. Achtzig Prozent Fichten, der Rest ein paar Tannen, Eichen, mal eine Ulme, Hainbuchen und Rotbuchen. Zehntausende Hektar Fichtenforst in den Forstrevieren und dem heutigen Nationalpark sind in den vergangenen dreißig Jahren vertrocknet, Zigtausende Hektar Fichten-Monokulturen ziehen sich nach wie vor über die Hänge. »Noch steht der Wald – er steht tot«, sagt Friedbert Knolle über die sterbenden Fichten, die er von 1994 bis September 2021 als Sprecher des Nationalparks Harz begleitet hat. »Seit 2018 ist der Turbo drin.«

Einen Tag lang zeigt er mir Fichten und Flüsse im Nationalpark Harz. Seit dem ersten der drei aufeinanderfolgenden Dürrejahre vertrocknen, verhungern, vergehen die Fichten zu Tausenden. Den Todesstoß versetzt ihnen meistens der Buchdrucker, ein fünf Millimeter langer, U-Boot-förmiger Borkenkäfer, der sich mit scharfen Zähnen aus seiner Kinderstube unter der Rinde von Fichten hervorbeißt. Als Larve frisst er sich durch das Phloem, die nährstoffhaltige Schicht zwischen Baum und Borke. Ein paar Borkenkäfer, die ihre Eier in eine Brutkammer unter der Rinde legen, machen einem gesunden Baum nichts aus. Fichten, Kiefern und andere Nadelbäume verstopfen einfach das Loch mit Harz. Doch wenn die Bäume geschwächt sind und zu wenig Wasser haben, können sie kein Harz produzieren. Die Käfereier wachsen zu Larven heran und schädigen den Versorgungsweg des Baumes im Phloem. Keine Nährstoffe, kein Wasser gelangen von den Wurzeln bis in die äußersten Nadeln. Der Baum stirbt.

2018 war das erste von drei Dürrejahren, die auf den Karten des Deutschen Wetterdienstes erst dunkelrot, dann rotbraun eingezeichnet sind. Absolute Trockenheit, mehrere Meter tief in den Boden hinein. Drei Jahre lang fiel kaum Regen, die Sonne brannte wochenlang vom wolkenlosen Himmel. Im Harz wie in fast allen anderen Regionen hierzulande waren die Jahre die wärmsten seit Beginn der Temperaturaufzeichnungen 1881. Die Natur in ganz Deutschland darbte, doch besonders betroffen war die Mitte – Franken, Hessen, Thüringen, Brandenburg, Sachsen-Anhalt. 277 000 Hektar Forst sind in den Jahren in Deutschland vertrocknet.

Ein Grund für die Schreckensbilanz in deutschen Wäldern ist die Forstbewirtschaftung. Zu viele Fichten in Monokultur, durchforstet und mit offenen Kronendächern. Gräben, die den ehemaligen Waldboden entwässern. Forststraßen, die heiße Luft in den Wald leiten. Friedbert Knolle kennt diese Forstwirtschaftssünden auch aus dem heutigen Nationalpark Harz. Schon Anfang der 1990er-Jahre stritt er in Niedersachsen für den Harz als Nationalpark, als das Gebiet noch fest in Försterhand war. An die politischen Verwicklungen von Grünen und SPD damals in der ersten Landesregierung von Gerhard Schröder erinnert er sich, als wenn es gestern gewesen wäre. So weiß er noch, dass nur das Beharren einer Grünen-Politikerin dafür sorgte, dass ein angestrebter Nationalpark Harz in den Koalitionsvertrag 1990 zwischen Grünen und SPD in Niedersachsen kam. Seit 2006 betreiben Niedersachsen und Sachsen-Anhalt gemeinsam den Nationalpark Harz, was gleichzeitig Wunder einer geglückten Ost-West-Beziehung ist wie einer bundesländerübergreifenden Zusammenarbeit über sämtliche Verwaltungsgrenzen hinweg. In der untergehenden DDR hatten Naturschützer ebenfalls die Idee verfolgt, aus dem Ost-Harz einen Nationalpark zu machen. Beim Mauerfall nutzte der damalige Naturschutzbeauftragte im Forstbetrieb Wernigerode Uwe Wegener die Gelegenheit des Umbruchs. Mit den Granden des DDR-Naturschutzes Michael Succow und Hannes Knapp sei er sich einig gewesen, dass sie jetzt oder nie die Chance hätten, die letzten Naturreste in den Hochlagen des Harzes zu retten, erzählt mir Wegener am Telefon. Der Nationalpark Harz Ost beginnt mit denselben Problemen im Forst und an den Flüssen. Auch die DDR-Förster entwässerten den Wald, legten Kanäle an, verödeten Bäche wie die Kalte Bode, Schwarze Schluftwasser und den Oberlauf der Ilse mit Fichtenmonokulturen, legten Moore trocken und verhunzten zahlreiche Quellen.

Bis 2022 ist der Harz laut Nationalparkgesetz ein »Entwicklungsnationalpark«, weil er zu wenig Natur und zu viele Fichtenmonokulturen hat. 24 732 Hektar groß, ist der Nationalpark deswegen in Naturdynamikzone, Naturentwicklungszone und Nutzungszone eingeteilt. Förster, Rangerinnen, Nationalparkdirektor müssen bis 2022 laut Nationalparkgesetz auf fünfundsiebzig Prozent der Fläche erst beweisen, dass sie aus den angebauten Fichtenforsten Wälder machen. Dass wieder Rotbuchen an den Hängen des Harzes wachsen, so wie die Natur das nach der letzten Eiszeit eingerichtet hatte. Eichen sollen sich am Saum ausbreiten, Ulmen, Eschen und Erlen an den Flüssen gedeihen, Eiben,

Ahorne, Tannen und wer weiß, welche Bäume und Kräuter sprießen, die die Waldökosysteme in den wärmeren Zeiten des Klimawandels formen werden.

Wald und Bach gehören zusammen wie Baum und Borke

Die Buchen, Schwarzerlen und Hainbuchen an der Ilse sind im Mai noch licht und lassen einen Blick durch die Blätter auf den Hang des Tiefenbachskopfs gen Norden zu. Silbrig weiß glänzen dort oben die kreuz und quer liegenden Fichtenstämme in der Sonne. Hier und da steht noch eine kahle Fichte, wie ein bröckelnder Schornstein auf einer Industriebrache. Zwischen den liegenden Fichten wachsen Birken und anderes Grünzeug hindurch, mit dem Fernglas als Ebereschen erkennbar. Birkensamen wehen mit dem Wind heran, keimen zwischen den modernden Fichten und finden selbst auf dem versauerten Boden ausreichend Nahrung. Die Samen aus den orangefarbenen Beeren der Ebereschen landen mit Vogelschiss im alten Forst. Die Beeren der Eberesche sind sehr beliebt bei allen möglichen Vogelarten und geben ihr den Namen Vogelbeerbaum. Sie und die Birken sind die Pioniergehölze, die den absterbenden Fichtenforst natürlich und wild bewachsen. Der Hang liegt in einer der »Naturentwicklungszonen«, wie die Karte der Nationalparkverwaltung Harz verrät. In den vergangenen zehn, zwölf Jahren waren solche Hänge das Kargste und das Wildeste, was Bewohner und Besucherinnen des Harzes zu sehen bekamen. Da zu wenige Baumarten im Harz die Forstwirtschaft überlebt haben, können sich in vielen Gebieten Buchen, Eichen, Wildkirschen und andere Laubbäume nicht von allein vermehren. Der Nationalpark pflanzt daher auch Tausende

Buchen, die eine Baumschule aus den im Harz geernteten Bucheckern gezogen hat.

»Unsere Diamanten, das sind die Moore«, sagt Steffen Elcesser und stützt beide Hände auf das Geländer rund um das Nationalparkhaus in Schierke. Rund zehn Jahre lang hat er als Ranger im Nationalpark die Hochmoore wieder vernässt. Eine Plackerei, denn es ging nicht darum, einen Bach umzuleiten und wie aus einem aufgedrehten Hahn wieder Wasser in die ehemaligen Regenmoore zu leiten. Tagein, tagaus, zehn Jahre lang, hat er Holzbohlen ins Moor getragen, jede einzelne fünf, sechs Meter lang, hat sie in vier Meter Tiefe auf dem Gesteinsgrund in den Boden gesetzt, vierunddreißig Zentimeter lange Nägel hineingehämmert und die Bohlen miteinander verbunden. »Die Natur hat's einem gedankt«, sagt Elcesser, der seitdem einen kaputten Rücken hat und nicht mehr lange stehen kann. Im Sitzen bedient er die Schranke zum Nationalpark und spricht mit den Besucherinnen, die über Schierke auf den Brocken steigen wollen. Ein Hochmoor liegt nicht auf dem Berg hoch oben, wie man meinen könnte. Der Name Hochmoor führt in die Irre, denn das »Hoch« bezieht sich nur darauf, dass die vertorften Pflanzenreste keinen Kontakt zu einem mineralischen Untergrund haben – sie also oberhalb des steinigen Bodens liegen. Hätte das Moor Kontakt zum Mineralboden, wäre es ein Niedermoor. In ein Hochmoor strömt nur mineralsalzarmer Regen, weshalb es korrekt Regenmoor heißt. Regenmoore kommen weltweit in vielen verschiedenen Arten vom Flachland bis ins Hochgebirge vor, und Geologen unterscheiden sie nach Lage, Form, Untergrund und vielen anderen Kennzeichen. Zu den Hochmooren im Harz zählen vor allem Hangregen- und Sattelregenmoore, was sich auf die Lage am Berg und den Durchfluss des Regenwassers bezieht. »Wir mussten unten runter bis auf den Grund, denn Wasser hat einen spitzen Kopf«, sagt Elcesser. Das Wasser laufe unter den Bohlen hindurch, wenn er sie nicht tief genug gesetzt habe. Er erklärt mir mit beiden Händen, die er kurz vom Geländer nimmt, dass die Forstleute der Vergangenheit die Kanäle »wie Fischgräten« in die Moore gegraben hätten, um das Wasser herauszuleiten. Sie trockneten die Hangregen- und Sattelregenmoore aus, um trockenen Grund für Fichtenforste zu schaffen. Denn sogar die den Boden und die Gewässer versauernden Fichten konnten im Moor nicht wachsen, da es zu sauer ist. Selten und vereinzelt findet man sogenannte Moorfichten am Rande des Moores. Eine Moorfichte habe er rausgeholt, erzählt Elcesser und deutet mit Zeigefinger und Daumen an, dass der Baum nicht mehr als zehn, zwölf Zentimeter im Durchmesser gewesen sei. Sechsundneunzig Jahre alt sei die Moorfichte gewesen, wie er an den Jahresringen abgezählt habe. »Ganz leicht und hart. Daraus werden Trommelstöcke und Dirigentenstäbe gemacht.«

Im achtzehnten Jahrhundert begannen Förster, die Fichten in den unteren Lagen des Harzes zu pflanzen, wo von Natur aus eigentlich ausgedehnte Buchenwälder wachsen und noch tiefer die Eichen-Hainbuchen-Wälder gedeihen. Die Laubbäume hatten Menschen seit dem Mittelalter für den Bergbau und in der Neuzeit für die Eisenverhüttung im Harz abgehackt. Im achtzehnten Jahrhundert war der Laubwald in Eisenhütten verbrannt und Bergwerksstollen verbaut. Schnell wachsende Fichten schienen die Lösung für die Probleme der Forstmeister, Hüttenbetreiber und Bergwerksbesitzer zu sein. Sie brauchten ständig Nachschub, denn Holz war damals der einzige leicht erreichbare Brenn- und Baustoff. Und so pflanzten die Förster zweihundert Jahre lang Fichten im Harz, vollkommen unbelastet von politischen Systemen im Osten und Westen Deutschlands. Von Natur aus wachsen Fichten in nassen, kalten, regenreichen Regionen oder eben in den höheren Lagen der Berge. Im Harz beginnt die Fichtenregion bei achthundert Metern.

»Das Schlimmste für den Bach ist eine Fichtenmonokultur«,

sagt Friedbert Knolle und schaut in einen sich fast natürlich windenden Entwässerungsgraben zwischen einer Fichtenmonokultur und der Forststraße am Rand des Nationalparks. Durch das zwei Handbreit tiefe, rostrotbraune Wasser sehen wir auf den steinigen Grund. Die braune Färbung stammt von den Huminstoffen aus der Holzzersetzung. Die sind harmlos, ebenso wie der beigefarbene Schaum, der sich in den Kurven des Kanals fängt. Doch in all den Jahrzehnten im Fichtenforst hat sich an dem Graben außer ein paar Gräsern kaum natürliches Leben entwickelt. Die Gräben leiten das Wasser aus dem Wald, was in Zeiten der Erwärmung und Trockenheit erheblich zum Baumsterben beiträgt. Seit dem neunzehnten Jahrhundert haben Förster Wälder entwässert, erst um Bäume zu pflanzen und nach ein paar Jahrzehnten zu ernten, dann im zwanzigsten Jahrhundert, um breite, geschotterte Forststraßen für Sattelschlepper und Harvester zu bauen und die Stämme abzutransportieren. Natürliche Waldbäche waren ihnen dabei meist im Weg. Also haben sie die Bäche kanalisiert, oft in Röhren aus Wellblech oder Beton geleitet und damit das natürliche Leben im Bach zum Absterben verdammt. Denn Groppen, Köcherfliegen, Bachflohkrebse und andere kleine Tiere strömen abwärts mit dem Gewässer und kommen schon in einem natürlichen Bach nur mühsam gegen die Strömung an. Hindernisse wie die Wellen in einem Blechrohr oder die Kanten eines Betonrohrs können sie nicht überwinden. Groppen können nicht gut schwimmen, denn sie haben keine Schwimmblase. Driften sie über die Stufen, Kanten, Ecken in einem forstlich umgebauten Waldbach, verlieren sie ihren natürlichen Lebensraum.

Fichten zerstören das Ökosystem Fluss an natürlichen Waldbächen. Die ins Wasser fallenden Nadeln versauern den Fluss und das Ufer. Die Bachflohkrebse, Libellenlarven, Köcherfliegenlarven, Wasserkäfer und anderen wirbellosen Zersetzer von Grünzeug im Fluss können mit den harten Nadeln nichts anfangen. Sie finden in

Fichtenforsten also keine Nahrung im Bach, verschwinden daher und können somit auch kein Futter mehr für die Salamanderlarven, Groppen oder den Nachwuchs der Bachforelle sein. Da Förster die Fichten zudem dicht an dicht bis an die Kante des Baches pflanzen, fällt kaum Licht durch den Forst. Daher sterben auch die Wasserpflanzen im Waldbach ab. Am Ufer wachsen keine Kräuter und keine Büsche, aus denen mal eine Spinne oder ein Käfer in den Bach fallen und die Wassertiere nähren könnten. Die Dunkelheit und der fehlende Lufthauch im engen Fichtenforst irritieren zudem die wenigen überlebenden Fluginsekten wie Köcherfliegen. Sie orientieren sich an den Talwinden, wenn sie stromaufwärts fliegen. Im Fichtenforst weht kein Wind, die Köcherfliegen finden daher nicht die geeigneten Eiablagegebiete am Oberlauf des Baches.

Im Tal der Kalten Bode liegen Fichten dicht an dicht. Die Wurzelteller ragen zur Straße durch den Nationalpark von Schierke am Osthang des Harzes hinauf auf den Brocken. Waldboden und Moos an den hüttenhohen Wurzeltellern zeugen davon, dass die Bäume vor Kurzem noch standen. Bröselnde Borke klebt an den weißlichen Stämmen, braune Nadeln hängen an den Zweigen der zwanzig Meter hinter dem Wurzelteller liegenden Kronen. Kurve um Kurve, kilometerlang liegen die Fichten im Spalier, drei, fünf, acht Reihen aufeinander gefächert, wie Spargel in der Kiste. Die Nationalparkverwaltung hat sie entlang der Straße umlegen lassen, damit die in den Dürrejahren abgestorbenen Fichten nicht von selbst auf die Straße krachen. Hundertschaften von kahlen Fichten stehen noch in Reihen bis in den Talgrund zur Kalten Bode und auch die Hänge hinauf zum Brocken. Da oben, so ab siebenhundert Metern über null, beginnt ihr natürliches Gebiet, das sie sich bis achthundert Meter N.N. die vergangenen paar Tausend Jahre mit Buchen geteilt haben. Darüber ist Fichtenland. Nass, kalt und bisher an dreihundertvierzig Tagen von Nebelschwaden durchwabert. Dort liegt die Kernzone des Nationalparks, die ökologische Schatzkammer, in der die Fichten bisher in kräftigem Grün standen und vor sich hin strotzten. Auch ihre Zeit geht zu Ende, denn der Klimawandel erwärmt sogar die höchste und bislang nasse Stufe des Harzes rund um den Brocken. Die Rothirsche ziehen sich im Frühjahr dorthin zurück und äsen auf den wilden saftigen Wiesen am Berg. Ich sehe ihre Hufabdrücke auf dem Waldboden zwischen grünen Fichten, die hier ganz natürlich schön wirken. Ein Schwarzstorch fliegt plötzlich aus den Wäldern und segelt über die Hermannsklippe gen Westen.

Kein Buntspecht lacht, kein Fichtenkreuzschnabel tschirpt und trillert mit seinen Kumpeln beim Fliegen, kein Schwarzspecht hämmert die Rinde der toten Fichtenarmee im Tal der Kalten Bode. Hinter der Rinde sitzen keine Larven mehr für den Specht, die daraus erwachsenen Borkenkäfer sind lange ausgeflogen. »Vor drei Jahren war hier ein dichter Fichtenwald«, sagt Friedbert Knolle in die unnatürliche Stille hinein. Im Nationalpark Harz sind fünftausend Hektar tote Fichten gewöhnungsbedürftig zum Anschauen, aber keine Katastrophe. »Natur Natur sein lassen« lautet das Credo des Nationalparks, und die Natur kennt keine Katastrophen. Nur Veränderungen. »Wir haben keinen wirtschaftlichen Schaden«, stellt Knolle fest. Er beobachtet vielmehr eine Art »Katastrophentourismus«. Als wollten die Leute teilhaben am Verfall und zugleich Zeuge einer entstehenden Wildnis sein. Wobei Besucherinnen die neue Wildnis aus den von selbst wachsenden Elsbeeren, Birken und Fichten, Fichten, Fichten noch auf den Knien suchen müssen. »Der Silberrückenwald hat einen ganz eigenen Charme«, sagt Knolle und meint die silbrig glänzenden, kahlen Fichtenstämme. Ist die Borke erst mal abgebröselt oder von Schwarzspechten weggehämmert, trocknen die Stämme und werden silberweiß. »Wenn man es gut erklärt, gibt es keinen touristischen Abbruch«, weiß Knolle. Als er nach dem ersten Dürresommer 2018 mit anderen Verantwortlichen vom Nationalpark durch die Fichten bei Schierke ging, rieselten ihm die trockenen Nadeln in den offenen Hemdkragen. Da sei ihm klar gewesen, dass der Sommer das Ende der Fichtenforste im Harz markieren würde.

Die Rettung für den Wald kommt vom Fluss, woher sonst. Das Leben entsteht im Wasser, und Waldbäche sind untrennbar mit dem Wald verbunden, die Ökosysteme bedingen und beeinflussen sich gegenseitig. Vorausschauende Waldbesitzer und etliche Staatsforste der Bundesländer bauen daher die ehemals eingedämmten, kanalisierten Waldbäche um. Im Thüringer Wald wie auch in den Forsten Baden-Württembergs holen Waldarbeiter die Betonrohre, Staustufen und Bleche wieder aus dem Bach und stellen natürlichere Ufer und Flussläufe her. Die Natur ist ja ein Wunder. Dort, wo Tiere die vergangenen Jahrzehnte überlebt haben, werden sie die neuen Lebensräume entdecken und besiedeln.

Als ich vom Brocken durch das Tal der Ilse absteige, entdecke ich einen Feuersalamander im nassen Buchenlaub. Bewegungslos sitzt er auf dem Weg und starrt in den Wald. Der stundenlange Regen des Nachmittags hat ihn vermutlich aus seinem Unterstand hier irgendwo im Buchenwald gelockt. Da! Fünf Buchen weiter schreitet ein zweiter Feuersalamander durch das Laub, holt mit kurzen Beinen kräftig aus, und ich kann schön die Gangart und sein gelb-schwarzes Muster betrachten. Jeder Feuersalamander *(Salamandra salamandra)* hat ein anderes Muster aus Schwarz und Gelb, manchmal mit roten Flecken. Einzigartig, wie unser Fingerabdruck. An Quellen, in Tümpeln, Pfützen, Seen und an natürlich sprudelnden Waldbächen im Gebirge finden die Feuersalamander ihre Lebensräume. Nur in sauberen, ruhigen Gewässern können die Larven binnen drei bis sechs Monaten heranwachsen und leben anschließend an Land. Feuersalamander lieben es feucht, und tagsüber ruhen sie gern unter morschen Baumstämmen, am liebsten von Buchen und anderen Laubbäumen. Ich gehe weiter durch den regennassen Wald und treffe noch einen Salamander, der das Laub durchstöbert. Offensichtlich haben sie es gut im natürlichen Wald an der Ilse im Nationalpark Harz.

Kapitel 7

Amazonas an der Peene

Ein scharfer Nordostwind treibt mein Kajak über die Peene gegen den langsam fließenden Strom. Auf einem silbrig in der Sonne glänzenden Ast eines abgestorbenen Baumes am Ufer sehe ich einen Fischadler sitzen. Ich halte das Kajak ruhig am Schilfrand, soweit das in dem Sturm möglich ist, treibe mit dem Wind näher an den Baum heran und mühe mich, nicht darunter zu gelangen, damit ich den Fischadler beobachten kann. Bevor ich das Fernglas aus der Jacke hervorhole, öffnet der Fischadler seine Schwingen, lässt sich in den Wind fallen, steigt, gaukelt, fliegt über mich hinweg bis zur Mitte des Flusses. Dort steht er in der Luft, stürzt dann mit angelegten Flügeln hinab und stößt sich mit den Beinen fast noch im Fallen wieder von der Wasseroberfläche ab. Mit kräftigen Flügelschlägen steigt er auf, einen Fisch in den Klauen.

Fischadler *(Pandion haliaetus)* leben in Deutschland fast nur noch im Nordosten des Landes, in den wasser- und fischreichen Gegenden von Müritz, Peene, Oder und an den unzähligen Seen Mecklenburg-Vorpommerns und dem Norden Brandenburgs. Dieser Fischadler mag hier gebrütet haben, vielleicht ist er jetzt, Anfang Oktober, auch auf dem Durchzug und hat den Sommer weiter im Osten verbracht. Er fliegt wieder zu dem Baum, strategisch gewählt zwischen Fluss und einem mit ruhendem Wasser und vielen Fischen gefüllten ehemaligen Torfstich. Mit dem Rücken zu mir hockt er da oben, den Fisch zwischen seinen Klauen und einem Ast eingeklemmt. Über die Schulter blickt er zu mir herab. Aus dem Kajak heraus kann ich ihm seine Beute nicht streitig machen. Beruhigt hackt er mit dem Schnabel in den Fisch und fängt an, seinen Fang zu verspeisen.

Die Peene ist der langsamste Fluss, den ich kenne. Sie fließt mit vierundzwanzig Zentimetern Gefälle auf knapp neunzig Kilometern Länge ab dem Kummerower See so gemächlich, dass sie ihre Fließrichtung ändert, wenn der Wind aus der entgegengesetzten Richtung bläst. Da ist die Ostsee. Im äußersten Norden von Mecklenburg-Vorpommern läuft die Peene gemächlich aus dem Kummerower See ein kurzes Stück gen Norden und dann nach Osten bis in das Kleine Haff, um von dort als Peenestrom in die Ostsee zu münden. Wenn also von Osten ein Sturm das Land peitscht, treibt der Wind die Peene mit Schaumkronen auf den Wellen in das breite, von Schilf und Röhricht gesäumte Flussbett. Die Peene hat ihren Namen von besagtem Schaum, er leitet sich vom slawischen Pĕna, zu Deutsch »Schaum«, ab.

Irgendein zeitgenössischer Marketingmensch im Auftrag des Naturparks Flusslandschaft Peenetal hat sich für die Peene den Namen »Amazonas des Nordens« ausgedacht. Während ich in einem der windstillen, gefluteten und verwachsenen alten Torfstiche dümple, die sich links und rechts des Ufers erstrecken, überlege ich, was mich an der Peene an den Amazonas erinnert. Es ist grün hier. Sehr grün, Schlingpflanzen ranken sich von den Weiden und Erlen entlang der Stichgewässer, Kanäle, Zuflüsse, die zu beiden Seiten des Ufers vom Fluss ins Land führen. An den Ufern wuchern Weidenbüsche, soweit ich es durch breite Schilffelder erkennen kann. Pappeln rascheln im Wind. Einzelne Kiefern ragen aus dem Auwald, manche abgestorben, so wie der Baum, auf dem der Fischadler sein Frühstück verspeist. Die Orchideen, Trollblumen und Schachblumen auf den natürlichen Wiesen im Peenetal, das Knabenkraut und die Kuhschelle sind im Herbst schon verblüht.

Unter mir in dem Torfstich rascheln Teppiche aus Rauem

Hornblatt *(Ceratophyllum demersum)* im Wasser, wenn ich mit dem Kajak darübergleite. Ich fische eine Pflanze heraus. Sie riecht ein bisschen modrig, nach Flusswasser. Ihre nadelförmigen, rundlichen Blätter stehen wie ein Quirl vom labbrigen Stängel ab, sie fühlen sich hart und wie Schleifpapier an. Die ausgedehnten Flächen des Rauen Hornblatts erinnern von oben betrachtet an einen unter Wasser wachsenden Nadelwald. Die Kleine Wasserlinse *(Lemna minor)* treibt vereinzelt vorbei, klebt am Paddel wie Konfetti und verheddert sich in den abgebrochenen Rhizomen der See- und Teichrosen. Der Sturm hat sie wohl abgerissen, und nun treiben netzartig beige und weinrötlich gemusterte Wurzelstücke herum und liegen im Wasser wie kurze, dicke Schlangen. Ich drehe ein vom Fluss in den Torfstich gespültes Stück Rhizom um, das am Schilfrand gestrandet ist. Ein Flussflohkrebs windet sich zwischen den haarfeinen Wurzeln, schwimmt zickzack mal so, mal dort und dockt schließlich an einem braunen Stück Teichmoos an. Botanisch oder auch gewässerökologisch betrachtet, schaukle ich im Schwimmblattgürtel. Der ehemalige Torfstich hat sich im Laufe der Jahrzehnte zu einem Teich entwickelt und die klassischen Pflanzengesellschaften am Ufer und im Wasser ausgebildet. Vor dem Schwimmblattgürtel am Ufer, halb an Land, halb im Wasser wachsen Schilfrohre *(Phragmites australis)*, Schmalblättrige Rohrkolben *(Typha angustifolia)*, Gewöhnliche Teichbinsen *(Schoenoplectus lacustris)* und andere Gräser, Seggen, Binsen und Rohrkolben. Sie bilden den Streifen der Großseggen an Land und dann das Röhricht mit dem beständig raschelnden Schilf. Schilfrohre, Rohrkolben, Binsen breiten sich auch in den durchnässten Böden aus, die die weiten Flussauen des Flachlands prägen. In den Torfstich, Tümpel, See oder Fluss hinein können sich Schilf und Rohrkolben nur so lange ausbreiten, wie sie wurzeln können und ausreichend aus dem Wasser ragen. Sie brauchen Luft und Licht, um Nahrung mittels der Fotosynthese zu gewinnen. Die Teichbinse wächst weiter in stehende Gewässer hinein, da sie auch unter Wasser Kohlendioxid aufnehmen und mithilfe der Fotosynthese in Zucker, Stärke und Sauerstoff spalten kann.

Zur See- oder Teichseite hin schließt an das Röhricht der Schwimmblattpflanzen-Gürtel an; schon der Name verrät, dass diese Pflanzen stärker an das Leben im Wasser angepasst sind. Die Blätter der Schwimmblattpflanzen liegen flach auf dem Wasser wie die Seerosenblätter im Torfstich. Die verschiedenen Arten der Schwimmblattpflanzen wachsen im seichten Wasser, manche halten sich mit Wurzeln in dem modrigen, weichen Untergrund fest wie die Teich- und die Seerosen, andere flotieren ohne Wurzel.

Wie auch an Land, sind im Wasser unterschiedliche Pflanzengesellschaften typisch für ganz bestimmte Standorte in den jeweiligen Ökosystemen. So wachsen im Schwimmblattgürtel die Seerosen-Gesellschaften, zu denen auch der Wasser-Hahnenfuß *(Ranunculus aquatilis)*, die Wassernuss *(Trapa natans)*, der Wasserknöterich *(Persicaria amphibia)*, das Schwimmende Laichkraut *(Potamogeton natans)* und einige andere Pflanzenarten gehören. Sie blühen auf der Wasseroberfläche und wurzeln im schlammigen Grund. Ihre Schwimmblätter sind wasserabweisend, zeigen also den Lotusblüteneffekt. Das Wasser perlt in kugelrunden Tropfen von den Blättern ab, damit sich keine Algen darauf festsetzen. Algen und Bakterien könnten die Spaltöffnungen in den Blättern (Stomata) verstopfen, und die Pflanze würde ertrinken. Durch die Stomata verdunsten Schwimmblattpflanzen Wasser, das sie über die Unterseite des Blattes oder die Wurzeln aufgenommen haben. Auch alle Landpflanzen atmen durch die Stomata Feuchtigkeit aus, weshalb es in einem Wald im Sommer kühler ist als außerhalb.

Zum Schwimmblattpflanzengürtel gehören auch die Pflanzen der Froschbiss-Gesellschaften. Sie haben ihre sesshafte Lebensweise in der Evolution aufgegeben und treiben frei im Wasser herum. Wie zum Beispiel das Raue Hornblatt, das ich aus dem

Wasser gezogen habe. Zur Froschbiss-Gesellschaft gehören der namengebende Froschbiss *(Hydrocharis morsus-ranae)* und die Krebsschere, die ich im Nationalpark Unteres Odertal in den alten Oderarmen entdecke. Dort finde ich auch den Schwimmfarn, der allerdings zur Wasserlinsen-Gesellschaft im Schwimmblattpflanzengürtel gehört und sich den Lebensraum mit Teichlinse, Kleiner Wasserlinse, Zwerglinse und dem Wasser-Lebermoos teilt.

Ganz im Wasser und vom Wasser überspült leben in Tümpeln, Seen, Altarmen und anderen stehenden Gewässern die Pflanzen des Laichkrautgürtels. Die Laichkraut-Pflanzengesellschaft mit Krausem und Durchwachsenem Laichkraut, Nixenkraut und Teichfaden sowie die Wasserfeder-Gesellschaft sind abgetaucht. Botaniker nennen die Abgetauchten Submersen. Die Pflanzen haben sich im Lauf der Evolution vollständig an ein Leben im Wasser angepasst und, wie der Teichfaden *(Zannichellia palustris)* oder das Kammförmige Laichkraut *(Potamogeton pectinatus)*, selbst eine fast fließende Gestalt angenommen. Ihre Blätter sind schlank und lang gestreckt und strömen im Wasser ohne Widerstand und ohne festes Gerüst, wie ein Stamm oder Stängel es geben würden.

Wasserpflanzen kommen urgeschichtlich vom Land, und fast alle Wasserpflanzen haben Verwandte an Land. Schilfrohr hat Verwandte bei anderen Süßgräsern. Binsen und Seggen wachsen sogar in den Mooren der Hochgebirge. Wie alle anderen Pflanzen auch brauchen Wasserpflanzen Sauerstoff, Kohlenstoff und Wasser zum Leben. Mittels der Fotosynthese bilden die Pflanzen aus Lichtenergie, Kohlendioxid und Wasser Sauerstoff und Zuckermoleküle. An Land treibt mehr CO_2 herum, als uns allen im Klimawandel lieb ist. Schilf und Seggen, Teichrosen und Wasserlinsen nutzen das CO_2 aus der Luft für die Energiegewinnung. Auch im Wasser ist CO_2 gelöst, doch sogar im Klimawandel wabert es seltener und in geringeren Mengen durchs Wasser, als sich das manche Pflanzen in der Evolution gewünscht hätten. Um den CO_2-Mangel im Wasser auszugleichen, sitzen bei den ganz im und unter Wasser lebenden Pflanzen die für die Fotosynthese notwendigen grünen Chloroplasten in den äußersten Blattspitzen. Bei Landpflanzen finden sich die Chloroplasten im Inneren der Blätter, wo die grünen Kraftwerkszellen CO_2 mithilfe von Licht und Wasser in Sauerstoff und Nahrung umwandeln. Mit langen, schmalen Blättern fließen die unter Wasser lebenden Pflanzen in ihrem Element und erwischen mit jeder Blattspitze das vorbeiströmende CO_2. Natürlich brauchen auch Wasserpflanzen Licht für die Fotosynthese. Die üppig wachsenden Rauen Hornblätter und Gemeinen Tannenwedel *(Hippuris vulgaris)* in der Peene und den mit ihr verbundenen verwilderten Torfstichen zeigen, dass das Wasser klar und sauber genug für beide Arten ist. In trüben Gewässern, in die Pestizide, Ackerböden und andere Verschmutzungen hineingespült werden, können die untergetauchten Pflanzenarten wegen des Lichtmangels keine Fotosynthese durchführen. Sie verkümmern und sterben ab. Zu viel Schmutz aus der Landwirtschaft, Industrie und dem Straßenverkehr schädigen die im Wasser lebenden Pflanzen ebenso wie Muscheln, Krebse und Fische. Gewässerökologen können daher an den Wasserpflanzen vom Ufer aus erkennen, wie es dem Gewässer geht.

Da das Wasser sie trägt, brauchen Wasserpflanzen keinen hölzernen Stamm oder einen festen, aus Fasern gehaltenen Stängel. Alles Feste stört im Wasser, es bricht oder hindert die Pflanze in ihrer fluiden Existenz und dabei, im Fluss zu bleiben. Ob im See, Weiher, Tümpel, Fluss oder Bach: Wasserpflanzen müssen sich mit der Umgebung bewegen – sie müssen fließen, um zu leben. An Bäche und Flüsse angepasste Wasserpflanzen würden in der Strömung zerbrechen, wenn sie eine feste Struktur hätten. Wasserpflanzen brauchen also keine Energie in den Bau von festen Zellwänden oder die Dicke eines Stammes oder Stängels zu investieren wie zum Beispiel Bäume. Nur wenn Bäume in die Höhe und in die Breite wachsen, kommen sie aus dem Unterholz ans Licht und sind kräftig genug, ein Kronendach zu bilden, mit dem sie ein paar Jahrhunderte im Wald bestehen können. Die im und unter Wasser lebenden Pflanzen haben im Laufe der Evolution Luftkammern entwickelt, mit denen sie sich mit Sauerstoff versorgen. In den Sprossen und Wurzeln, im Zentralstrang, den Blättern oder wo auch immer die Pflanze einen geeigneten Platz fand, hat sie mit Sauerstoff gefüllte Hohlräume geschaffen.

Havarie im Amazonas

Es grünt wild und üppig an der Peene, in den Altarmen, Auwäldern und gefluteten Torfstichen aus den Zeiten der industriellen Nutzung. Eine grüne Wand schirmt mich vom windgepeitschten Fluss ab, auf dem die Wellen schäumen. Ein paar Kilometer gegen den Wind habe ich noch vor mir bis zu meinem Zeltplatz. Die Sonne scheint vom nordisch-blauen Himmel, und ich beschließe, mich gegen den Sturm auf den »Amazonas des Nordens« zu werfen. Die Quellflüsse des Amazonas Marañon und Ucayali würde ich mit keinem Kajak der Welt hinunterfahren. Sie stürzen die Anden in Peru hinab, und ich kann mich an Stromschnellen im mäandernden Marañon erinnern, die ich von einem staubigen Bergrücken aus beobachtet habe und deren Anblick mich erschaudern ließ. Gischt spritzte, Wasser toste aus der Schlucht zu mir herauf in die Stille der Berge. Auf manchen Strecken sausten wohlhabende Peruaner und Gringos in hausgroßen Schlauchbooten mit stahlnetzbewehrten Gummiwänden den Marañon hinab, als wäre er eine Wasserrutsche in einem Aquapark. Auf einem der vielen Zuflüsse des Amazonas im südlichen Amazonasgebiet von Peru strandete ich mal tief im Regenwald. Wir waren auf dem Rio Alto Madre de Dios unterwegs und kamen aus dem Nationalpark Manú. Nach einem Motorschaden mussten wir auf einer Kiesbank im Fluss an Land gehen. Die vielen peruanischen Zuflüsse zum Amazonas rauschen von sechstausend Metern Höhe aus den Anden herab, und während der Fahrt auf dem Madre de Dios war mir an einem der Tage zuvor aufgefallen, dass ich vom Boot aus das Gefälle des Flusses sehen konnte. Der Fluss eilte bergab. Wir verbrachten ein, zwei Stunden auf der Kiesbank, sammelten Steine mit Kringeln und Kaimanmustern, trauten uns einen Fußbreit in das rauschende Wasser und kosteten das ungewöhnliche Gefühl aus, im Dschungel ohne Telefon und Internet zu sein. Im Geiste ging ich schon mal unsere Vorräte durch. Der Madre de Dios ist breit und voller Stromschnellen, Untiefen, Steinbänke. Nachdem der Bootsführer den Wasserfilter repariert hatte, war klar, dass wir die eigentlich angepeilte Lodge stromaufwärts nicht mehr bei Tageslicht erreichen würden. Auf der Kiesbank konnten wir nicht bleiben, denn der Madre de Dios könnte innerhalb weniger Stunden anschwellen, sollte es in den Anden regnen. Und es regnet stark und oft auf der Ostseite der Anden, wenn die feuchte Luft aus dem Amazonas-Regenwald sich an den kalten Bergen abhängt. Auch im Boot auf dem Fluss zu fahren wäre im Dunkeln zu gefährlich gewesen. Nach Sonnenuntergang werden die reißenden Flüsse im Amazonas-Gebiet zu tödlichen Gefahren. Von den lehmigen Ufern stürzen immer wieder dreißig bis vierzig Meter hohe Bäume ins Wasser und rauschen stromabwärts. Wo sie aufprallen, bleibt nichts, wie es war. Tagsüber haben die Bootsführer immerhin die Chance, die Urwaldriesen rechtzeitig zu sehen, nachts werden die Bäume zum Fallbeil für Mensch und Tier im Fluss. Auf dem Rio Manú, einem Nebenfluss des Madre de Dios, hatten wir an einem der Tage zuvor einen von einem Ast harpunierten Tapir gefunden, den die Strömung in das seichte Wasser in Ufernähe gespült hatte. Tapire sind hervorragende Schwimmer; zuvor schon hatten wir einen mitten im Fluss getroffen, der von einer Uferseite auf die andere wechselte. Wir waren ihm wohl nicht geheuer, denn er tauchte ab und kam erst zwanzig, dreißig Meter weiter prustend wieder an die Oberfläche. Nach unserer Havarie übernachteten wir in einem Gasthaus in einem Handelsposten am Madre de Dios. Nachts ging ein Gewitter mit Regenschauern nieder, als würden Pazifikwellen über den Amazonas fegen.

Kurz nach Sonnenaufgang sehe ich einen Biber am Ufer der Peene. Noch in der Dämmerung bin ich mit dem Kajak auf den Fluss gefahren. Die Stille nach dem Sturm am Vortag glättet das Wasser. Ich paddle so sanft wie möglich, um keinen Lärm zu machen, lasse mich mehr mit der unsichtbaren Strömung der nun wieder gen Osten fließenden Peene treiben. So gern würde ich einen Fischotter sehen! Und so halte ich mich am Ufer, lasse immer wieder das Paddel ruhen und suche mit dem Fernglas die vor mir liegenden Ufer ab. Der Biber guckt zu mir herüber, wartet und klatscht mit der Kelle auf die Wasseroberfläche, als er abtaucht. Eine Warnung an die anderen Biber in der Gegend und an mich, nicht näher zu kommen. Mache ich auch nicht, sondern treibe auf der gegenüberliegenden Flussseite vorbei, als er kurz nach dem Schwanzknall wieder auftaucht, halb aus dem Wasser ans Ufer klettert und mir mit aufgerichtetem Oberkörper nachguckt. Die Warnung war erfolgreich, die Störerin fließt ab.

Die Insekten haben sich verzogen. Ob der Sturm oder der Oktober sie in sichere Baumhöhlen, Erdlöcher, Schilfspalten vertrieben hat, vermag ich nicht zu sagen. Hüpferlinge, Schwimmkäfer, Bachflohkrebse, Libellen leben in den ruhigen Altarmen der Peene, den Weihern im Auwald, den Tümpeln und Torfstichen zu beiden Ufern. Ich bin spät dran im Lebenszyklus der Insekten in Nordostdeutschland, und so treffe ich auch keine Mücke.

Kraniche trompeten in den Morgendunst. Später, bei Sonnenuntergang, kündigen die Rufe einiger weniger Kraniche den Zug der Vögel an. Von Westen fliegen sie von ihren Tageseinständen und Futterstellen gen Osten zu ihren Schlafplätzen. Hunderte, Tausende Kraniche ziehen in Keilformation über den Himmel, so niedrig über dem Land, dass ich am Ufer der Peene ihre Flügel schlagen höre. Ein Rauschen und Trompeten, und für ein paar Minuten scheint das Gebiet um mich herum wieder wie zu Urzeiten das Land von Tieren und Pflanzen zu sein. So ähnlich wie am Amazonas.

Kapitel 8

Wildnis ist auch nur eine Illusion – im Nationalpark Unteres Odertal

Eine Schildkröte sonnt sich auf einem im Wasser liegenden Baumstamm, die Beine von sich gestreckt, den Kopf gereckt, den Panzer in der warmen Septembersonne gespannt. Die Illusion von wilder Flussnatur im Nationalpark Unteres Odertal wirkt noch in mir nach, und so gebe ich mich ein paar Minuten lang der Freude hin, eine echte Schildkröte in ihrem sumpfigen Zuhause zu beobachten. Vor der Kanutour durch die Kanäle und Altarme der Oder hatte ich gelesen, dass Europäische Sumpfschildkröten in den Weihern und Wassern entlang der Oder vorkommen. Und hier sitzt eine Schildkröte auf einem vom Wasser schwarz gefärbten Stamm im stehenden Gewässer an einem Wehr! Für einen Moment vergesse ich, dass die Europäischen Sumpfschildkröten hier vor hundert Jahren ausgerottet wurden, und bewege mich ganz vorsichtig im Kanu, um das Tier nicht zu vertreiben. »Wahrscheinlich eine Rotwangenschildkröte«, schätzt Stefan, der uns als zertifizierter Guide des Nationalparks Unteres Odertal heute im Kajak durch die Gräben und Flutrinnen der Polder geleitet hat. Er kennt sie schon, die Schildkröte sitzt da oft, wenn er mit seinen Gruppen an der Stelle die Kanus und Kajaks über den Deich trägt und in der Hohensaaten-Friedrichsthaler Wasserstraße wieder aussetzt. Ausgesetzt wurde auch die Rotwangenschildkröte, vermutet Stefan. Die Tiere stammen eigentlich aus Nordamerika und gehören seit Jahrzehnten zu den meist gehandelten Wasserschildkröten im Zoohandel.

Die Natur ist nicht, was sie scheint, im Nationalpark Unteres

Odertal. Das ganze Gebiet ist eine vom Menschen geschaffene Welt, wenngleich es eine reiche Flora und Fauna beherbergt. Fünfzig Kilometer lang, an der breitesten Stelle fünf Kilometer breit, insgesamt zehntausend Hektar groß, bietet der Nationalpark Unteres Odertal eine reiche Auswahl natürlicher Lebensräume: Auwälder und Trockenrasen, Altwasser, sumpfige Wiesen, Kanäle, wellige Ufer, Flutrinnen und die Oder. Ich kann kaum glauben, dass im flussreichen Deutschland der Nationalpark Unteres Odertal der einzige Auen- und Flussnationalpark ist. Die Gestalter haben sich das schöne Leitbild »Land im Strom« gegeben und unternehmen alles, um dem Fluss wieder natürliche und naturnahe Fluten zu ermöglichen. Denn natürlich gehören Hochwasser zur Oder und der Aue. Die raue nordische Schönheit an der Oder kann darüber hinwegtäuschen, dass wir in einer Kulturlandschaft stehen, in der Fluten gar nicht mehr vorkommen sollten. Der preußische König Friedrich II. legte das südlich anschließende Oderbruch ab 1747 trocken. Der Alte Fritz schuf sich eine neue Provinz östlich von Potsdam und Berlin und verband über diese Landbrücke Preußen mit Schlesien, das er zuvor im Krieg bezwungen hatte. Im Norden des Oderbruchs, also in dem Gebiet des heutigen Nationalparks Unteres Odertal, sumpfte es noch hundert Jahre länger. Doch 1848 gruben die private »Deichbaugesellschaft zur Melioration des Niederbruchs« und der Staat Preußen den Hohensaatener Kanal parallel zur Oder. Mit dem Kanal wollten sie das trockengelegte, aber immer noch nässende Oderbruch in Fließrichtung der Oder entwässern. Heutzutage ist die wichtigste und größte Stadt am Kanal Schwedt. Die DDR baute dort das Petrochemische Kombinat mit Erdölraffinerie, in dem eine zweitausend Kilometer lange Pipeline für Rohöl aus Russland endete. Noch heute verarbeitet die nun Rosneft und Shell gehörende Raffinerie zwölf Millionen Tonnen Rohöl im Nationalpark zu Benzin, Diesel und anderen Erdölprodukten. Rund achtzig Kilometer nördlich von Schwedt mündet die

Oder im Stettiner Haff. Die Wasserbauer im neunzehnten Jahrhundert wollten das Wasser der Oder durch den Hohensaatener Kanal schneller als der natürliche Strom aus der Landschaft in das Stettiner Haff und die Ostsee schaffen. Seit einigen Jahren nennen Naturtouristiker das Mündungsgebiet »Oder-Delta«, weil sich das für Englischsprachige vertrauter anhört und sich die Region auch international vermarkten lässt. Doch geografisch bleibt es ein Haff, eine Küstenlagune der Ostsee.

Flusswildnis verlandete im Acker

Bis zu ihrem rund hundert Kilometer langen Umbau bildete die Oder ein Binnendelta im Oderbruch. Ein einzigartiger Naturraum, mit einzigartiger Fischerkultur der slawischen Bewohnerinnen und Bewohner. Wildnis und indigene Kultur verlandeten in Äckern und Wiesen, die Friedrich der Große mit Siedlern aus Süddeutschland, Sachsen, der Schweiz und Österreich Mitte des achtzehnten Jahrhunderts besiedelte. Eine Welt ging damals unter, und wir können zweihundertsiebzig Jahre danach nicht mehr ermessen, welch ein Reichtum an Fischen und Vögeln, Fröschen und Libellen, Schildkröten, Mücken und unzähligen Wasserpflanzen verschwand. Heute erleben wir an der Oder die zivilisierte Version einer Flusswildnis, die es an keinem einzigen großen Fluss in Mitteleuropa mehr gibt. Die Vielfalt fördert die Vielfalt in der Natur, und die Flutrinnen, Wasserarme, Tümpel, kalten Löcher schufen vor der Trockenlegung der Oder-Auen eine derartige Vielfalt an Lebensräumen, dass sie für alle Tiere und Pflanzen das Paradies bedeutet haben müssen. Was würde ich darum geben, in einer Zeitreise zurück in die sumpfige, morastige Wasserlandschaft zu kommen, in der Europäische Sumpfschildkröten reihenweise an den Ufern und auf Baumstämmen im Wasser saßen und sich sonnten. Schmetterlinge mögen sie umschwirrt haben, um dann und wann auf ihren warmen Panzern zu landen und sich zu sonnen. Eineinhalb Meter lange Störe zogen aus der Ostsee in die Oder, um dort zu laichen. Ins Meer wandernde Aale färbten die Oder mit ihren fetten Leibern silbern.

Drei Kilometer breit ist das untere Odertal bei Schwedt und Krajnik Dolny auf polnischer Seite. Deiche im Westen und Osten der Oder verhindern, dass das Wasser die Äcker, Wiesen und Siedlungen flutet. Einige Jahrzehnte, nachdem der Hohensaatener Kanal 1859 fertig gebaut war, begannen die Umbauten zur Hohensaaten-Friedrichsthaler Wasserstraße, jenem Kanal, an dem wir die amerikanische Rotwangenschildkröte gesehen haben. Auf der Wasserstraße sollten Handelsschiffe Berlin mit Stettin verbinden. Der Erste Weltkrieg unterbrach die Wasserstraßenbauten noch einmal für ein paar Jahre, doch die im Kaiserreich gefassten Pläne für die Schiffbarkeit von Berlin nach Stettin waren auch in der Weimarer Republik nicht mehr aufzuhalten. Heutzutage sind die modernen Ostseeschiffe zu groß, um unter den historischen Stahlbrücken hindurchzufahren, daher nutzen vor allem Freizeitkapitäne und selten auch mal flache Binnenschiffe den Kanal. In dem rund drei Kilometer weiten Odertal fließen also der Fluss und der Kanal in zwei parallel verlaufenden Betten. Zwischen Hohensaatener Wasserstraße und Oder liegen im Nationalpark die Polder, durch die wir auf Gräben, alten Oderarmen und Flutrinnen im Kanu und Kajak paddeln. Polder sind von künstlichen oder natürlichen Gewässern durchzogene Weiden und Äcker, die Wasserbauer der Oder abgetrotzt haben. Mit Deichen und Wehren haben sie die Polder von der Oder abgesperrt, um die natürlichen Fluten des Flusses zu regulieren. Heutzutage sperren die Nationalparkwächter ein mehrere Quadratkilometer großes Gebiet im Frühjahr vom Strom ab, pumpen Wasser heraus und schaffen eine nährstoffreiche, naturnahe Kulturlandschaft, in der sich Rinder genauso wohlfühlen wie Biber, Fischotter, Hechte, Seeadler und Azurjungfern. Igelkolben und Rohrkolben wachsen im Sumpf, die seltene Schwanenblume steht mit zarten lila Blüten am Ufer, rote Beeren des Bittersüßen Nachtschatten ranken sich am Ufer entlang. Im Spätherbst fluten die Nationalparkleute die Polder, und ab Ende November verwandelt sich das Land in eine Wasserlandschaft. Im Winter, wenn es richtig kalt wird, gefrieren die überfluteten Wiesen zu Eis.

Die Oder-Auen erscheinen wild und naturnah. Seeadler kreisen, Schwarzstörche brüten in den Wäldern, Fischotter finden im Nationalpark einen der wenigen sicheren Lebensräume in Deutschland. Biber gestalten sich ihren Lebensraum, wie es ihnen gefällt. Die aus Westafrika einfliegenden Seggenrohrsänger haben ihren einzigen Brutlebensraum in Deutschland im Nationalpark Unteres Odertal, und dieses kleine Wunder der Natur zieht *Birder*, Vogelfreunde und Beobachterinnen aus aller Welt an. Seggenrohrsänger *(Acrocephalus paludicola)* brüten nur in nassen Seggenwiesen mit fußhoch wachsenden Seggen – kantigen oder runden Gräsern ohne Knoten im Röhrichtgürtel von Flüssen oder Seen und Weihern. Seggenwiesen sind in Deutschland rar, weshalb der kleine Seggenrohrsänger im April von Ghana bis nach Belarus fliegt, um dort ein Nest zu bauen, Eier zu legen und seine Jungen großzuziehen. Es sei denn, der ein oder andere Seggenrohrsänger bleibt im Nationalpark an der Oder. Im September fliegt er schon wieder zurück und landet nach ein paar Wochen im selben Gebüsch, aus dem er Monate zuvor losgeflogen ist.

Aus Polen schwimmen manchmal Elche über die Oder und verstärken den Eindruck, in einer menschenleeren Gegend unter wilden Tieren zu sein. Fast schon wie am Yukon, mindestens wie in Schweden. Auch ein Goldschakal schnürte aus dem Süden an die Oder, vielleicht aus den March- und Donauauen zwischen Österreich und der Slowakei, und brachte den Hauch von Wildnis mit nach Brandenburg. Wölfe leben in der Gegend, Wisente ziehen auf der polnischen Seite der Oder herum, und es ist nur eine Frage der Zeit, bis sie nach Westen gehen. Die Untere Oder und der Nationalpark gehören zu den naturnahesten Flussgebieten Deutschlands. Noch immer ist die Oder ein Hotspot der Artenvielfalt. Deutschland sollte alles daransetzen, zu erhalten, was vorhanden ist. Das bedeutet vor allem, zu verhindern, dass Polen die Oder als Wasserstraße ausbaggert. Oder dass in Deutschland wieder Verkehrspolitiker Gelüste entwickeln, eine wirtschaftliche Nutzung der Oder voranzutreiben mit dem falschen Argument, damit den Klimawandel aufzuhalten. Wir müssen erhalten, was von der biologischen Vielfalt überlebt hat, und die beste Voraussetzung dafür ist, das Credo der deutschen Nationalparks mit Leben zu füllen: die Natur Natur sein lassen. Wenn Menschen sich raushalten, hat das noch immer einzigartige Ökosystem der Oder die besten Chancen, mit den Veränderungen des Klimawandels umzugehen. Das gilt selbstverständlich für alle Ökosysteme, für alle Flüsse und Bäche, für Wälder, Magerrasen, Moore.

Die Natur braucht Wildnis, um im Klimawandel zu bestehen

Biologen wissen nicht genau, was auf den sich wieder selbst überlassenen Flächen in der Natur passiert, wie ein Kiefernforst verwildert, welche Überraschungen ein frei fließender Fluss mit sich bringt. Wildnis in einem zivilisierten Land ist ein Prozess, Verwilderung ist eine Entwicklung. Dabei stellt die Verwilderung eben nicht den Verfall und Niedergang dar, sondern die große Chance auf Rückkehr der Natur. Die einmal vom Menschen zerstörte

Harmonie eines natürlich gewachsenen Biotops wie im Oderbruch wird nie wieder so entstehen, wie sie mal war. Doch etwas Neues erwächst, wenn wir die Natur in Ruhe lassen. Sobald die alten Bewohner fort sind, kommen neue Pflanzen und Tiere und besetzen die ökologischen Nischen. Oder die Neuen drängeln sich dazwischen wie Waschbären, Marderhunde und Minks an der Oder. Sie waren einst für die Pelztierzucht nach Deutschland verfrachtet worden. Auch Bisam aus Nordamerika und Nutria aus Südamerika haben den Weg aus Pelzfarmen bis an die Oder gefunden. Die aus Nordamerika stammende Stachelgurke überwuchert dort an einigen Stellen Weidenbüsche und Schilf. Schön sieht anders aus. Die Neozoen und Neophyten sind vielen Leuten ein Grauen, und Naturschützer ziehen gegen die Neuen ins Feld. Doch die Einwanderung neuer Tier- und Pflanzenarten ist eine unumkehrbare Tatsache. Im Klimawandel werden noch ganz andere Arten kommen oder sich hier so schnell heimisch fühlen, dass wir gar nicht hinterherkommen mit den heimischen Artenlisten. Wir machen es uns also leichter, wenn wir die Tatsachen der Globalisierung und der Klimaflüchtlinge auch unter Tieren, Pflanzen, Pilzen anerkennen und nicht versuchen, die neuen Bewohner im Wald und am Fluss auszurotten. Mir fällt es selbst manchmal schwer, wenn ich das Drüsige Springkraut am Flussufer entdecke und meine Flussnatur vor der alles überwuchernden Pflanze schützen will.

Die neue wilde Natur, die frei von menschlichem Einfluss macht, was sie will, brauchen wir in unserem durchstrukturierten Land. Wir brauchen Wildnis statt Zivilisation in der Natur. Seit Jahrzehnten, Jahrhunderten nehmen wir Tieren und Pflanzen den Raum, den wir Natur nennen und den wir genau genommen nur für uns allein beanspruchen. Flüsse, Wälder und die anderen Ökosysteme benötigen Platz und die Freiheit, damit die Tiere, Pflanzen und anderen Lebensformen sich in den unbeeinflussten Naturräumen an die Veränderungen der Erderwärmung anpassen. Die Natur braucht Wildnis, um im Klimawandel zu bestehen. Wir können uns die Verwilderung und die Wildnis auch locker leisten, ohne Sorge zu haben, dass die Zivilisation verwildert. Im Gegenteil: Wir gewinnen mit jedem Quadratmeter natürlichen Freiraum. Denn jeder Hektar Natur stärkt unsere Abwehrkräfte und die Kräfte der Natur. Beides benötigen wir dringend, um mit den Folgen des Klimawandels und des Artensterbens umzugehen. Wir haben seit 2018 eine Ahnung davon, welche Auswirkungen der Klimawandel haben wird. Drei Jahre extreme Trockenheit, die massiven Sturzregenfälle im Juli 2021 in weiten Teilen Mitteleuropas und die daraus entstandenen verheerenden Fluten an der Ahr und der Erft. Klimawissenschaftlerinnen und Attributionsforscher sagen, dass diese Ereignisse Folgen der Erderwärmung und des Klimawandels sind. Die Natur kann die Naturkräfte von Stürmen, Fluten oder Dürren verarbeiten und vielleicht ausgleichen. Und die wilde, die freie Natur ist am besten gewappnet, das Leben auf einer wärmeren Erde zu erhalten.

Die kultivierte Oder zeigt, wie sehr wir Menschen uns an genau die Natur gewöhnen, die uns zu unseren Lebzeiten umgibt. Kiefernforste erscheinen dann als Wald, leuchtend gelbe Rapsfelder als farbenfrohe Boten des Frühlings. Und ein trockengelegtes Binnendelta mit gefluteten Poldern als wilde Flusslandschaft. Doch tatsächlich entsteht eine neue Wildnis im Nationalpark Unteres Odertal inmitten eines hochindustriellen Landes. Das gleicht einem Wunder, wie Förster Kevin Hood aus Alaska mir klargemacht hat. Er leitet das Wildnis-Programm der US-Forstbehörde im Tongass-Nationalpark im Süden Alaskas. Für ihn sei es schwer genug, jeden Sommer eine Million Touristen in der Wildnis im 6,9 Millionen Hektar großen Tongass-Park zu lenken, einem Gebiet mehr als doppelt so groß wie Belgien. Mit klugem Management sorgt er dafür, dass die Menschen die Faszination Wildnis erleben, in ihrer Begeisterung und Unkenntnis des Lebens in der

Natur aber nichts zerstören. Kevin Hood verzweifelt manchmal an der Ignoranz und der Naturferne der Besucherinnen und Besucher in den Regenwäldern Alaskas. Dennoch sei es viel einfacher, die bestehende Wildnis zu schützen, als neue entstehen zu lassen wie im Nationalpark Unteres Odertal, sagt Kevin. Er kennt den Nationalpark von einer Exkursion. Natürlich könne man solche Inseln der Wildnis in Deutschland nicht mit Alaska vergleichen. Aber er finde sie »inspirierend«. »Wenn ihr das könnt, können wir das auch in den Industrieregionen an der amerikanischen Ostküste schaffen«, sagt er, als wir uns auf der Wildniskonferenz im spanischen Salamanca unterhalten. Die Natur in Ruhe lassen, nichts tun. Kevin strahlt dabei den amerikanischen Pioniergeist im Naturschutz aus, der vor bald sechzig Jahren zum ersten Wildnisgesetz der Welt führte. Das inspiriert seit wenigen Jahren auch hierzulande einige Naturschützer zu dem Bekenntnis »Die Natur Natur sein lassen«.

»We are guardians, not gardeners«, sagt Kevin – Beschützer seien die Nationalparkleute, nicht Gärtner, wie so oft im deutschen Naturschutz. Um zu schützen, was Mitte des zwanzigsten Jahrhunderts von der amerikanischen Wildnis übrig war, verabschiedete die US-Regierung unter Präsident Lyndon B. Johnson im September 1964 den *Wilderness Act.* Johnson sagte bei der Unterzeichnung, dass künftige Generationen seine Generation nur dann mit Dankbarkeit und nicht mit Verachtung betrachten würden, wenn man ihnen einen Hauch von der Welt ließe, wie sie zu Beginn war, und nicht so, als wir mit ihr fertig waren. Verantwortung für künftige Generationen gibt auch das deutsche Bundesverfassungsgericht (BVerfG) vor. Im sogenannten Klimaschutz-Urteil vom 24. März 2021 fordert das Bundesverfassungsgericht Staat und Gesellschaft auf, mehr für den Klimaschutz zu unternehmen, um die Lebensgrundlagen in der Zukunft zu erhalten. Die obersten Richterinnen und Richter stellten fest, dass das wenige Monate zuvor verabschiedete Klimaschutzgesetz der Bundesregierung nicht aus-

reiche, um Artikel 20 a des Grundgesetzes einzuhalten. Dort heißt es: »Der Staat schützt auch in Verantwortung für die künftigen Generationen die natürlichen Lebensgrundlagen und die Tiere im Rahmen der verfassungsmäßigen Ordnung durch die Gesetzgebung und nach Maßgabe von Gesetz und Recht durch die vollziehende Gewalt und die Rechtsprechung.«

Mehr Klimaschutz für das Leben kommender Generationen – dazu zählt auch der Erhalt und Schutz der natürlichen Lebensräume und der biologischen Vielfalt. Der Schutz von Tieren, Pflanzen und Lebensräumen ist im Grundgesetz verankert. Christen und Christinnen mögen es als Bewahrung der Schöpfung bezeichnen. Katholische Gläubige mögen sich auf die Enzyklika Laudato Si von Papst Franziskus berufen, der aus »Sorge um das gemeinsame Haus« die Menschheit zu einem ökologischen und sozialen Umdenken aufruft. Vorschriften wie die Flora-Fauna-Habitat-Richtlinie und Gesetze wie das Bundesnaturschutzgesetz schützen Tiere und Pflanzen, und auch sie verpflichten die Regierung ebenso wie jeden und jede Einzelne, das Lebensrecht von Tieren in ihrem Lebensraum zu erhalten.

Im Tongass-Nationalpark ist nach dem *Wilderness Act* ein Drittel der Fläche unter besonderen Wildnisschutz gestellt. In den ausgewiesenen Wildnisgebieten soll sich laut Gesetz die Natur »ungehindert vom Menschen« entfalten. Keine Straßen, keine Picknickbänke, Campingplätze, Wege oder Schilder behindern dort die Natur, wenngleich Menschen in den Wildnisgebieten wandern, paddeln oder auch fischen und mancherorts sogar reguliert jagen dürfen. Das Wichtigste ist jedoch, dass sie wieder gehen und nichts Bleibendes in den geschützten Wildnisgebieten hinterlassen. Es gibt wohl kein Naturschutzgesetz auf der Welt, das so poetisch beschreibt, worum es geht. Der *Wilderness Act* versucht keine wissenschaftliche Definition von Wildnis, denn daran sind bislang alle gescheitert. Wissenschaftlich lässt sich nicht definieren, was Wildnis sein soll. Wildnis bedeutet einfach, das uneingeschränkte Lebensrecht der Natur anzuerkennen, und nichts anderes macht der *Wilderness Act:*

»Im Gegensatz zu den Landschaften, die vom Menschen dominiert werden, verstehen wir Wildnis als eine Gegend, in der die Erde und ihre Lebensgemeinschaften sich ungehindert entfalten können und in der der Mensch nur ein vorübergehender Besucher ist.«

Wo der Schwimmfarn vagabundiert

Rotfedern schwirren zwischen den Stängeln der an der Wasseroberfläche gelb blühenden Teichrosen. Vom Kanu aus beobachte ich die fingerlangen Fischchen in ihrem Unterwasserreich, in dem Teichrosen wie Urwaldriesen wirken im Verhältnis zu den jungen Rotfedern.

In den Poldern liegt die Kinderstube von Hechten, Rotfedern, Barschen, Schleien und anderen Fischen. Mit der Hand fische ich einen Schwimmfarn *(Salvinia natans)* aus dem Wasser und staune über die wächsernen, wasserabweisenden Blätter, mit denen er sich an der Wasseroberfläche hält. Kleine gezwirbelte Haare auf den Schwimmblättern halten die abtropfenden Wasserperlen fest und sorgen dafür, dass die Blattspalten (Stomata) frei bleiben und Feuchtigkeit ausdünsten können. Die etwa daumennagelgroßen Blätter wachsen entlang einer im Wasser liegenden Mittelachse, unter Wasser hängen winzige hellgrüne Wasserblätter an wurzelähnlichen Sprossen. Vollkommen ungebunden vagabundiert der Schwimmfarn herum und verbreitet seine Sporen.

Auf den Gräben und teichartigen Altarmen des Nationalparks dürfen nur zertifizierte Naturparkführer Gruppen in Kanus und

Kajaks führen. Der Nationalpark will damit die Tiere und Pflanzen schützen und so wenig Unruhe wie möglich in das Herzstück des Parks bringen. Sieben Stunden dauert die große Tour, und auf einer genehmigten Strecke geleitet uns heute Stefan schwungvoll durch die verwachsenen Gräben und Rinnen. Manche sind so schmal, dass unser Kanu sich in den Kurven mit dem Bug und dann mit dem Heck im Schilf verfängt. Raschelnde Schilfzweige neigen sich von links und rechts über uns, und ich denke an *African Queen*. Humphrey Bogart zieht in dem Filmklassiker einen Motorkahn namens *African Queen* und Katharine Hepburn als Missionarin durch einen verwachsenen Fluss im Urwald, um sich vor den Deutschen zu Beginn des Ersten Weltkriegs in Ostafrika in Sicherheit zu bringen. Blutegel saugen sich an Bogarts Beinen fest, Moskitos fressen ihn bei lebendigem Leib halb auf. Wir gelangen durch das Schilf nicht auf den Tanganjikasee, sondern auf einen seeartigen Altarm der Oder aus den Zeiten, als sie noch die gesamte drei Kilometer breite Aue zwischen den eiszeitlichen Erhebungen ausfüllte. Von Natur aus floss der Fluss nicht in einem Bett, sondern suchte sich seinen Weg im Flachland durch verschiedene Rinnen. Mehrere Flussbetten bildeten das Binnendelta, das seit der Trockenlegung des Oderbruchs und dem Kanalbau verschwunden ist.

Eine zwetschgengroße anthrazitgraubraune Schnecke treibt mit der Spitze ihres Gehäuses nach oben im Wasser. Ich hole sie heraus und entdecke später in meinem Bestimmungsführer, dass es sich um eine Spitzschlammschnecke *(Lymnaea stagnalis)* gehandelt hat. Sie wird auch Spitzhornschnecke genannt und ist mit 4,5 bis sieben Zentimetern Gehäuselänge die größte Wasserlungenschnecke Mitteleuropas. Die Schnecken können sich mit ihrem Fuß auf einer Schleimspur unterhalb der Wasseroberfläche fortbewegen. Sie hängen also an ihrem Fuß an der gespannten Wasseroberfläche und mit dem Körper im Wasser und gleiten mit zuckenden

Bewegungen des Fußes an der Unterseite des Wasserfilms voran, wie ich auf einem YouTube-Video sehe. Dann und wann durchbrechen sie die Oberfläche und atmen. Sie weiden Algen von Wasserpflanzen wie die meisten ihrer Verwandten unter den Lungen- und auch den Vorderkiemenschnecken. Manche Schneckenarten filtern Schwebteilchen aus dem Wasser, säubern also die Gewässer, so wie die Teich- und Flussmuscheln. Ein paar Ruderschläge und Schilfkurven weiter entdecke ich eine zu einem gelben Posthorn gedrehte Gemeine Tellerschnecke *(Planorbis planorbis)*. Kanuführer Stefan krempelt seinen Hemdsärmel hoch und hangelt mit langem Arm eine Handvoll Flussmuscheln vom Grund eines der Gewässer, die in den Poldern an manchen Stellen gerade mal knietief sind.

Am Schilfrand dümpeln Krebsscheren im Wasser. Sie flotieren im Sommer in der Gegend und haben sich nun im September vielleicht schon ihr Winterquartier im seichten Wasser gesucht. Krebsscheren *(Stratiotes aloides)* legen ihre stacheligen Schwertblätter in autoreifengroßen Rosetten aus und bieten wie eine natürliche Insel einen festen Untergrund für den Nestbau. Die ganze Pflanze sieht schon aus wie ein Nest, wenngleich sie derart piksig ist, dass man kein Küken hineinlegen möchte. Trauerseeschwalben bauen darauf ein sicheres Nest, erzählt Kanuführer Stefan, als wir an einer Reihe Krebsscheren vorbeipaddeln. Die seltenen Brutvögel sind schon fortgezogen, jetzt im September sind sie auf dem Flug nach Afrika. Nicht weit von der Oder entfernt, am Parsteiner See, habe ich oft Trauerseeschwalben *(Chlidonias niger)* beobachtet, wie sie auf Nisthilfen und ziemlich sicher vor Räubern von Landseite brüten. Haben sie Junge, fliegen sie den ganzen Tag gaukelnd und rufend über den See, ständig auf der Suche nach Insekten, die sie im Flug aus der Luft schnappen. Am liebsten Libellen, die mit ihren rechtwinkligen Flugmanövern echte Akrobaten der Luft sind, aber gegen die flinken Trauerseeschwalben meistens keine Chance haben.

Die neue Wildnis im Nationalpark Unteres Odertal wird die

ursprüngliche, vor bald dreihundert Jahren verlorene Natur vermutlich nicht wiederherstellen. Die neue Wildnis am Fluss wird daher ebenso Natur sein wie auch ein Produkt der Zivilisation. So wie die amerikanische Rotwangenschildkröte in der neuen Wildnis am Wehr der Hohensaaten-Friedrichsthaler Wasserstraße ein Ergebnis der Kultur und Lebensweise von Menschen im zwanzigsten und einundzwanzigsten Jahrhundert darstellt. Ihre ehemaligen skrupellosen Besitzer haben sie ausgesetzt und hingenommen, dass sie bei monatelangen eisigen Temperaturen an der Oder erfrieren könnte. Von Natur aus war nicht vorgesehen, dass sie an der Oder lebt, sondern am Mississippi. Die wilde, frei gelassene Natur der Flusswildnis an der Oder ist insofern nicht natürlich. Aber sie stellt eine ökologische Tatsache dar. Die neue Wildnis wird ein Ökosystem schaffen, in dessen Nischen und Flächen die biologische Vielfalt gedeiht, die die Natur der nächsten Generation bildet. Schade nur, dass die einzelne Rotwangenschildkröte allein die Natur an der Oder nicht mit Nachkommen beleben kann.

Treibgut

Ein halbes Dutzend Muscheln für den Fischotter

Muschelschalen liegen aufgehäuft neben dem Wehr zwischen Oder-Altarm und einem Graben. Die Muscheln wurden aufgebissen und schon vor langer Zeit gefressen, Regen hat die Schalenhälften sauber gewaschen, und die Perlmuttschicht auf den Innenseiten glänzt in der Sonne. Ich stehe in den Verpackungsresten einer Muschelmahlzeit. Als ich mir die Schalenhälften genauer ansehe, erkenne ich, dass die Muscheln allesamt am schmalen Ende mit den Zähnen geknackt wurden. Rund um das Wehr entdecke ich weitere Schalenhälften der Großen Flussmuschel *(Unio tumidus)* in der meterhohen Uferböschung und auf einer erdigen Stelle zwischen Wasser und Böschung. Schön auf einem Häufchen gesammelt, als hätte sich der Fresser immer ein halbes Dutzend Muscheln auf einmal reingezogen. Die Schalenhälften zeigen dasselbe Muster. Sie wurden am schmalen Ende aufgebissen, nicht aufgehackt, und dann am Wirbel auseinandergerissen.

Der Muschelfresser muss ein starkes Gebiss haben, um die Schale zu durchbeißen und dann die lebende Muschel herauszureißen. Sie ist mit der Schale verwachsen, hält mit ganzer Kraft ihrer zwei Schließmuskeln die beiden Schalenhälften geschlossen und will auf keinen Fall einen Spalt zwischen den schützenden Schalen. Vergeblich, wenn ein Bisam an der Muschel knabbert. Oder ein Fischotter zubeißt wie bei diesen Exemplaren. In der Umgebung des Wehres entdecke ich weitere Zeichen des Fischotters *(Lutra lutra)*, weshalb ich die Muschelmahlzeitreste ihm zuordne. Außerdem nagen Bisam die Muscheln vom dünnen Rand der Schalen her auf und beißen nicht ein Stück ab. Ob die Muschel manchmal den Abwehrkampf überlebt, frage ich mich, als ich zwei Muschelhälften betrachte, die von der schmalen Seite bis kurz vorm Muschelzahn abgebissen wurden. Und dann? Gibt der Fischotter auf und schmeißt die Flussmuschel wieder ins Wasser? Wohl kaum. Mit geschickten Pfoten wird er sie aufbrechen und das weiche, eiweißhaltige Tier direkt aus der Schale fressen.

Zehn Fischotter-Paare leben im Nationalpark Unteres Odertal, erzählt der kajakfahrende Naturparkführer Stefan. Wobei »Paare« bei Fischottern nicht ganz passt, denn Männchen und Weibchen leben unabhängig voneinander. Ihre Reviere überlappen sich, das heißt, dass innerhalb der größeren Territorien der Männchen die Weibchen kleinere Territorien bilden. Dabei können sich mehrere Reviere von Weibchen ebenfalls an den Rändern überschneiden. Je mehr Fische, Krebse, Muscheln, Schermäuse und andere potenzielle Beutetiere in einem Gebiet im und entlang eines Flusses vorhanden sind, desto kleiner sind die Reviere der Fischotter.

Rüde und Fähe treffen sich zur Ranz, also wenn die Zeit zur Paarung gekommen ist. Die kann während des ganzen Jahres stattfinden. Fischotter haben keine feste Paarungszeit, auch wenn sie sich häufig zwischen Februar und April fortpflanzen, erzählen Biologinnen, die sich mit Fischottern beschäftigen. In den großen Territorien verständigen sich die Fischotter mit Pfeifen und machen mit Pfeifen auf sich aufmerksam. Treffen das paarungsbereite Weibchen und ein ihr genehmes Männchen aufeinander, spielen, werben, turteln und kopulieren sie ausgiebig. Danach geht das Männchen wieder seiner Wege. Sein Revier kann sich bis zu zwanzig Kilometer entlang eines Flusses erstrecken, ist aber im Nationalpark Unteres Odertal vermutlich wesentlich kleiner.

Rund zwei Monate später polstern die trächtigen Weibchen

sich eine Höhle in der Uferböschung aus, in der sie einige Wochen später zwei bis vier Junge zur Welt bringen. Sie versorgen sie allein, säugen sie bis zu fünf Monate lang, bringen ihnen den ersten Fischbrei und die ersten Krebse, sobald die Jungen feste Nahrung fressen. Die Fischotterweibchen tragen sie ins Wasser, wenn es Zeit zum Schwimmen ist, tauchen mit ihnen im Maul unter Wasser und lassen sie dort los, damit die Jungen allein auftauchen und lernen, an Land zu schwimmen, zu tauchen und zu jagen. Sie leben so lange im Familienverband wie möglich und nötig, um sich alle Verhaltensweisen anzueignen und die Jagdtechniken zu lernen. Mindestens neun, vermutlich eher dreizehn Monate oder noch länger bleiben die jungen Otter bei ihrer Mutter, schätzt die Fischotter-Expertin vom Otterzentrum in Hankensbüttel.

Fischotter in der Natur gelten als »nicht beobachtbar«. Sie sind oft unterwegs, leben heute hier, morgen da, streifen eine Zeit lang in ihren mindestens zweihundert Hektar großen Revieren umher, um sich dann nur an einem Ort aufzuhalten. Auch Wildkameras helfen den Forschenden nicht: Fischotter sehen alle gleich aus, weshalb die Fotos nicht zur Unterscheidung taugen.

Wir sehen natürlich keinen einzigen Fischotter an diesem sonnigen Tag im September in den Kanälen und Flutrinnen des Nationalparks Unteres Odertal. Die Tiere meiden Menschen, wenn sie sich nicht mit ihnen vertraut gemacht haben. Während wir die Kanus und Kajaks an dem Wehr mit den Muschelresten umsetzen, gehe ich ein paar Meter in die Wiese hinein und entdecke den Landausgang einer Höhle. Pflanzen haben die Uferböschung überwuchert, sodass ich keinen Eingang von der Wasserseite finde. Fischotter nutzen solche Höhlen als Tagesverstecke. Manchmal sind die Eingänge unter Wasser, manchmal hinter Pflanzen versteckt. In ihren Revieren unterhalten Fischotter viele solcher Höhlen. Alle Kilometer entlang eines Flusses, in den Seitenarmen und entlang von Gräben und Kanälen kann ein Fischotter zwanzig bis fünfundzwanzig Höhlen zur gelegentlichen Nutzung innerhalb seines Territoriums betreiben.

Fischotter ruhen auch hinter dichten Brombeergebüschen am Ufer, schlafen im Schilf und den Wurzelhöhlen der am Flussufer wachsenden Bäume. Da sie in ihrem Territorium nomadisieren, brauchen sie viele Unterkünfte und nicht einen festen Bau. Sichere Ruheplätze sind neben ausreichend Nahrung die wichtigste Voraussetzung, dass Fischotter sich an einem Fluss oder in einer Gewässerlandschaft niederlassen. Hier im Nationalpark finden sie ausreichend natürliche Ufer, um es sich in Tagesverstecken gemütlich zu machen und ihre siebzehn Stunden am Tag zu schlafen. In dieser Höhle, deren Eingang ich im kniehohen Gras entdecke, ist sicher niemand zu Hause, denn schon seit Wochen setzen täglich Nationalparkbesucher ihre Kajaks an dieser Stelle um. Aber die Saison ist in ein paar Wochen vorbei, und die Fischotter haben dann wieder ihre Ruhe.

Kapitel 9

Im Reich des Eremiten – der letzte Eichen-Auwald an der Mittelelbe

An der Elbe bei Aken sehe ich vor meinem geistigen Auge, wie das Land früher gewesen sein könnte, als Flüsse noch frei und wild flossen. Für einen Moment gewährt mir die leicht in die Aue strömende Elbe einen Blick in die Vergangenheit, als Flüsse das ganze Land durchzogen, die Ufer sandig oder so weit überspült waren, dass das Wasser auf den Wiesen und im Auwald stand. Zügig zieht das braune Wasser der Elbe vorbei, es kringelt sich und strudelt an der Oberfläche. Der Fluss fließt oben eiliger als der Strom darunter.

Nach den langen Regenfällen im Süden und Osten des Elbe-Einzugsgebiets in diesem Spätsommer neigt die Elbe Anfang September zu Hochwasser, harmlos noch, doch schon treiben frisch von Bäumen gerissene Äste mit Blättern und vom Wasser geschmirgelte Hölzer den Strom hinab. Sie verhaken sich in den Ketten der Elbfähren, die, von der Strömung gezogen, in Aken, Breitenhagen oder Barby übersetzen. Reisen im Rhythmus des Flusses. Bei Hochwasser stellen die Gierseilfähren den Betrieb ein. Auch das Treibholz in den Halteseilen oder Bojen kann die Fähren lahmlegen. Wenige Brücken queren die Mittlere Elbe zwischen Magdeburg im Norden und Lutherstadt Wittenberg südöstlich von Dessau, mitten im Biosphärenreservat Mittelelbe. Die Abwesenheit von Brücken verstärkt meinen Eindruck, mich in einer natürlichen Auenlandschaft entlang der Elbe und den Zuflüssen Saale und Mulde zu bewegen.

Die Fähren verkehren nur tagsüber zwischen fünf Uhr morgens und Viertel vor neun am Abend. Doch wenn die Fähren selbst tagsüber nicht übersetzen, guckt man mitunter lange auf die andere Flussseite, so wie ich an der Saale kurz vor ihrer Mündung in die Elbe. Am gegenüberliegenden Ufer sehe ich den Kirchturm von Groß Rosenburg hinter dem Deich hervorschauen, erkenne die silbrigen Blätter der Weiden am Anleger auf der anderen Seite, schaue minutenlang auf den steten Strom der Saale und begreife nicht, dass die Fähre im Fluss vertäut ist und nicht langsam hinübertreibt. »Die fährt nicht«, sagt eine ältere Frau hinter mir, den Lenker in beiden Händen, während sie neben ihrem Fahrrad steht. »Hochwasser«, ergänzt ihr Mann. Ich habe die beiden auf der Straße zur Fähre überholt und mich gewundert, dass außer uns niemand dort gefahren ist. »Wir wollen nicht rüber«, sagt sie. Sie wollten nur mal gucken, wie es an der Saale aussieht, denn vom Hochwasser hatten sie schon im Radio zu Hause in Barby gehört. Ich schaue wieder über den Fluss, sehe den Weg, habe ein Ziel und muss mich dem gestiegenen Wasserstandpegel beugen, umdrehen, acht Kilometer bis Barby zurückradeln, um dort über die Elbe zu setzen, was auch gerade nur noch so eben klappt. Die Fähre hat sich mit dem höheren Wasserstand am Betonanleger verhakt.

Das Biosphärenreservat Mittelelbe schützt seit 1979 eine der letzten Auenlandschaften in Deutschland. Eine Aue steht je nach Pegel des Flusses mal länger, mal kürzer unter Wasser. Alles Land, das ein Fluss regelmäßig mit leichtem und mittlerem Hochwasser oder einem Spitzenhochwasser überspült, ist Aue. Die letzten großen Hochwasser an der Elbe 2002 und 2013 waren eigentlich normale Jahrhunderthochwasser, wenngleich sie sich zu kurz hintereinander und zur falschen Jahreszeit ereigneten: im Sommer. Üblicherweise fluten Winter- und Frühjahrshochwasser die Auen der Elbe und richten dann in der Tier- und Pflanzenwelt nicht so viel Zerstörung an wie im Sommer. Bäume, Sträucher, Gräser und die Tiere des Flusses und der Aue sind an die Fluten im Winter und Frühling gewöhnt. Natürlich und regelmäßig auftretende Hochwasser sind für die an die Aue angepassten Bewohner keine Katastrophe, wenngleich auch sie unter starken Hochwassern leiden und einige Tiere sterben.

Alle Flüsse haben Auen, und je nach geografischem Gebiet und Fluss wachsen unterschiedliche Pflanzen in den verschiedenen Auenzonen. In der gehölzfreien Aue nah am Fluss gedeihen Gräser und krautige Pflanzen. Ein bisschen höher beginnt die Weichholzaue, in der je nach Flussregion Pappeln, Erlen und verschiedene Weidenarten als Strauch oder Baum wachsen. Sie können wochenlang bis zu hundert Tage im Wasser stehen, ohne zu verrotten oder zu ersticken. Den Bäumen macht es nichts aus, wenn Zweige oder Äste mit einer Flut abreißen. Weiden verbreiten sich sogar mithilfe solcher Pflanzenteile mit dem Fluss, spülen als Pionierbaum irgendwo an, wurzeln, wachsen und wandeln sich schnell, um sich an die unsteten Verhältnisse dicht am Ufer anzupassen. Weiden sind flexible Anpassungskünstler, was sich in ihren biegsamen Zweigen zeigt, aus denen Menschen seit Jahrtausenden Körbe flechten und früher Häuser gebaut haben. Pappeln und Weiden wachsen sogar auf kargen, nährstoffarmen Kiesbänken im und am Fluss. Sie können mithilfe von Bakterien im lebenden Gewebe Stickstoff aus der Luft binden, was eine große Anpassungsleistung an ihr Leben im Fluss bedeutet.

Pflanzen brauchen Stickstoff, um zu wachsen. Achtzig Prozent der Pflanzen leben deswegen symbiotisch mit Mykorrhiza-Pilzen zusammen, Eichen, Fichten, Kiefern zum Beispiel mit Fliegenpilz und Steinpilz. Die Pilzfäden sind im Boden mit haarfeinen Baumwurzeln verbunden und versorgen die Bäume mit Stickstoff. Mykorrhiza erschließen mit hauchfeinen Pilzfäden noch in den verstecktesten Poren im Boden Wasser, Nährstoffe und Mineralien, die Pflanzen zum Wachstum benötigen. Die Pflanzen geben ihnen dafür Kohlenhydrate, die die Pilze nicht selbst herstellen können. Pilze können jedoch nicht im wasserdurchspülten Grund in unmittelbarer Nähe von Flüssen leben, weshalb Weiden, Pappeln und Erlen mit Bakterien zusammenarbeiten. Weiden und Pappeln können sich nicht darauf verlassen, dass die Bakterien im oft überspülten Kies und Schotter vorhanden sind, sie haben die Bakterien deshalb in sich. Diese ziehen den Stickstoff aus der Luft und wandeln ihn so um, dass die Bäume ihn verarbeiten und zum Wachstum nutzen können. Sie versorgen Weiden und Pappeln auch mit pflanzenförderlichen Hormonen, Antibiotika und Enzymen – etwas, das unsere Vorfahren schon vor Jahrtausenden wussten. Weidenrinde wird seit jeher gegen Entzündungen genutzt, und die darin enthaltene Salicylsäure steckt noch heute als Acetylsalicylsäure in Aspirin.

Auch Erlen verdanken den lebenswichtigen Stickstoff ihrem Zusammenleben mit Bakterien. Sie bilden Knöllchen an den Wurzeln, in denen die Bakterien und die Baumwurzeln Stickstoff gegen Zucker tauschen. An natürlichen Flüssen spülen jährlich Hochwasser Nährstoffe, Kleinstlebewesen und Baumsamen in die Auen und halten das Ökosystem Weichholzaue am Leben.

Nicht jedes Jahr und über Wochen, sondern nur für einige Tage oder gar alle paar Jahre läuft der Fluss bei selteneren Spitzenhochwassern in die an die Weichholzaue anschließende Hartholzaue. Dort wachsen Stieleichen, Ulmen, Eschen und Ahorn. Jeder Fluss hat je nach geografischer Region eine charakteristische Pflanzengesellschaft, wobei diese sich großflächig ähneln. An der Mittleren Elbe gedeiht eine für das Flachland typische Feldulmen-Stieleichen-Hartholzaue. Zu den Stieleichen und Feldulmen gesellen sich Flatterulmen, Feldahorn, Eschen, Hainbuchen, Winterlinden, Wildbirnen und Wildapfel. Die Waldgesellschaft wird von typischen Sträuchern wie Weißdorn, Schneeball, Roter Hartriegel, Schwarzer Holunder und Hasel durchsetzt. Alle Flüsse in Deutschland breiteten sich von Natur aus je nach Wassermenge in Weichholz- und Hartholzauen aus, bevor die Auen besiedelt und verbaut wurden. Menschen bauen seit Jahrhunderten, Jahrtausenden am Fluss, arrangierten sich zu Beginn der Sesshaftwerdung mit dem Wasser und begannen, die Flüsse umzubauen, sobald sie konnten. So wurden die Auen von Jahrhundert zu Jahrhundert kleiner. Im zwanzigsten Jahrhundert verschwanden viele Auen unter Asphalt, Beton, Maisäckern. Städte, Kaianlagen, Industriebetriebe, Raffinerien, Straßen und Eisenbahnschienen wurden in den Flusstälern gebaut, denn flach und eben, wie sie sind, eignen sie sich bestens dafür. Die verheerenden Folgen zeigen sich immer dann, wenn die Wasserstände der Flüsse steigen und die Hochwasser die verbauten Auen fluten. Aus einem natürlichen Ereignis wird dann eine menschliche Katastrophe mit Schäden in Millionenhöhe.

Den Großteil der Auen an den Flüssen in Deutschland nutzen Landwirte als Acker- und Weideland. Auenboden ist nährstoffreich und erbringt seit Jahrhunderten gute Ernten. Doch so wie die Häuser in den vergangenen Jahrzehnten immer dichter an die Flüsse gebaut wurden, haben auch die Landwirte den Auen immer noch mehr Boden genommen und noch mehr Äcker bewirtschaftet. Auen verlanden, wenn sie nicht regelmäßig vom Fluss überspült werden. Altarme und Tümpel trocknen aus. Das Ökosystem Aue mit der enormen biologischen Vielfalt vertrocknet und vergeht. Knapp ein Drittel der Auen sind in Deutschland erhalten, das heißt dreißig Prozent der Flächen entlang der Flüsse werden überhaupt noch überschwemmt. Biologen und Ökologinnen sprechen von der »rezenten Aue«, wenn sie ab und zu unter Wasser steht. Auch diese Gebiete werden landwirtschaftlich genutzt und sind weit von ihrem natürlichen Zustand entfernt. Und dennoch gehören sie laut Bundesamt für Naturschutz »zu den artenreichsten Ökosystemen Mitteleuropas und sind somit natürliche Zentren der Artenvielfalt«.

Auen puffern den Fluss ab

Nur zehn Prozent der Auen in Deutschland sind in einem annähernd natürlichen Zustand, schreibt das Bundesamt für Naturschutz in seinem jüngsten Auenbericht 2017. Und gerade mal ein Prozent der Auen sind so gering verändert, dass sie als natürlich gelten. In den annähernd natürlichen Auen tümpeln sich Altwasser und schaffen ein einzigartiges Biotop. Ungezählte Laufkäfer flitzen herum, Hunderte von Schmetterlingsarten, Azurjungfern und Prachtlibellen sausen durch die Luft, Stabwanzen lauern am Grund. Fledermäuse, Vögel, Frösche finden Nahrung und Unterkunft. Die natürlichen Auwälder mit Weichhölzern und Hartholzwäldern gedeihen hier und puffern mit Wurzeln und Pflanzen den Fluss gegen die Landseite ab. Loser Boden von regengewaschenen Äckern versandet in der Aue, Stickstoff, Müll, Chemikalien und Gummiabrieb von Autoreifen bleiben hier hängen.

Abfall und abgewaschener Ackerboden richten im Fluss weit mehr Schaden an als an Land. Sie verstopfen die kleinen Zwischenräume im Flussgrund, verkleistern das Sediment und schädigen den dortigen natürlichen Biofilm aus Bakterien und Mikrolebewesen. Wie in einem Bioreaktor reinigen die Bakterien im Sediment das Flusswasser, bevor es durch die Flusssohle ins Grundwasser fließt. Wenn Sand und Kieselchen im Sediment verschlammen, verstopfen die Poren des Wasserfilters. Gewässerökologen nennen die Verstopfung des Sediments Kolmation, und die schädigt, wie wir in früheren Kapiteln gesehen haben, nicht nur Fische, Muscheln und andere Tiere im Fluss. In kolmatierten Flüssen sammeln sich Schweb- und Schadstoffe. Im schlimmsten Fall fließt das Flusswasser ungefiltert ins Grundwasser.

Auen sind Hotspots der biologischen Vielfalt, doch die artenreichsten, vielfältigsten Lebensräume von Tausenden Lebewesen bilden die Hartholzauwälder mit Eichen, Ulmen, Hartriegel und Holunder.

An der Mittleren Elbe wächst an exquisiten Schleifen und Schlingen der letzte natürliche Hartholzauwald der Elbe. Ein Überlebender. Im Promillebereich hat an der Mittleren Elbe der Auwald überlebt, der mit anderen natürlichen Auenfragmenten und Auwaldrelikten an Rhein und Donau das eine Prozent natürliche Aue in Deutschland bildet. Die Mittelelbe ist daher ein Refugium der Letzten ihrer Art in Deutschland, nicht mit Geld bezahlbar und auch nicht auszugleichen und an anderer Stelle wiederaufzubauen. Die Einzigartigkeit der Aue an der Mittelelbe drang sogar bis zu den drei Ampel-Parteien in die Koalitionsverhandlungen im Herbst 2021 durch. »Das bestehende Naturerbe an Oder und Mittelelbe schützen wir«, schreiben SPD, Grüne und FDP im November 2021 in ihrem Koalitionsvertrag. Das beruhigt ein wenig, denn der vorherige CSU-Verkehrsminister Andreas Scheuer vereinbarte wenige Wochen vor seinem Amtsende mit Tschechien, die gesamte Mittelelbe auf 1,40 Meter ab der tschechischen Grenze bis zum Beginn der Unterelbe hinter dem Wehr Geesthacht auszubaggern. Das wäre das Ende der natürlichen Aue. Der Wasserpegel der Mittelelbe schwankt, liegt im Sommer mal bei vierzig Zentimetern und im Mittel bei zweihundertvierzig Zentimetern. Aber an einem durchschnittlichen Tag im November 2021 lagen die Pegelstände im Biosphärenreservat Mittlere Elbe in Dessau bei 127, in Aken bei 106 und in Barby bei 119 Zentimetern. Wenn die Mittlere Elbe ausgebaggert würde, wären die Auwälder und die Ökotope in den Altarmen verloren. Die Aue wäre vom Fluss abgeschnitten, der Grundwasserpegel würde sinken. Flüsse fließen schneller, wenn sie ausgebaggert und begradigt werden, und mit der höheren Geschwindigkeit graben sie sich tiefer in die Flusssohle ein. Der schnelle Fluss schmirgelt Sand, Kies, Steine des Sediments ab. Damit die Sohle nicht bricht und der Fluss ins

Grundwasser läuft, schütten Bauarbeiter Lkw-Ladungen voll mit Kies in die schnellen, ausgebaggerten Flüsse wie den Rhein.

Urwaldrelikte im Auwald an der Mittelelbe

Die natürliche Aue an der Mittelelbe ist so kostbar, dass sie komplett geschützt ist. Sie bildet den Kern des Biosphärenreservats. Ich strolche deswegen am Ufer der über die Seggen und krautartigen Grünpflanzen schwappenden Elbe und in den Auwäldern in der Pufferzone um das Kerngebiet herum. Die Auwälder wurden nicht verbaut, oder sie wurden wieder ausgewildert, indem das Land Sachsen-Anhalt und die Bundeswasserstraßenverwaltung die Deiche zurückverlegt haben. An einigen Stellen haben Naturschützer mit Baggern und anderem großen Gerät eine Lücke in den Deich geschaffen, damit Elbe und Aue wieder miteinander verbunden sind und das Wasser in die Aue laufen kann. Weiden wachsen hier, ein wenig entfernt vom Fluss gehe ich unter Stieleichen durch den Wald, entdecke Eschen, Hainbuchen, Winterlinden, Wildbirnen und Ahorn. Am Waldrand zwischen Elbe und Saale sehe ich zehn, zwölf Meter über mir in der dicken Borke einer mächtigen Eiche eine Höhle. Der Rand ist wulstig verkorkt und zeugt davon, dass die Höhle die Eiche schon lange löchert. Generationen von Spechten, Pilzen, Käfern haben an dem hochovalen Loch gearbeitet, und ich frage mich, ob der Eremit *(Osmoderma eremita)* sich dort oben wohlfühlt. Der Käfer liebt den Mulm in den Höhlen alter Eichen, das sägemehlartige Pulver, das Pilze nach ihrer Baummahlzeit übrig lassen. Braun- und Weißfäulepilze zersetzen das Holz in den ehemaligen Bruthöhlen von Schwarzspechten und schaffen mit dem Mulm eine eiweißreiche Nahrung und weiche Brutstätte für die Eremitenlarven. Drei bis vier Jahre fressen sie sich durch den

Mulm in den Baumhöhlen, werden bis zu 7,5 Zentimeter groß und kräftig genug für ihr nächstes Entwicklungsstadium. Dann verpuppen sich die Larven, liegen warm im Mulm, bis sie nach zwei aufeinanderfolgenden Puppenstadien in der Baumhöhle als Imago schlüpfen, also sich zu dem Tier entwickelt haben, das wir Eremit oder Juchtenkäfer nennen.

Ohne Mulm und ohne Baumhöhlen hat der Eremit keine Lebenschance. Eremiten kommen ausschließlich in sehr alten Wäldern mit dicken, hohen Bäumen vor. Da es diese natürlichen Wälder kaum noch gibt, sind Eremiten eine der seltensten Käferarten Deutschlands. Biologinnen führen den Eremiten in der Kategorie »Urwaldrelikt«. Hauptsächlich haben Eremiten in Auwäldern gelebt und sich entlang der Flüsse und durch die Wälder in ganz Europa verbreitet. Dieses Netz des Lebens ist gerissen, denn die Auwälder sind nicht mehr miteinander verbunden. Einen seiner letzten Lebensräume findet der Eremit in den Auwäldern an der Mittelelbe. Die europäische FFH-Richtlinie schützt den Käfer und seinen Lebensraum, der so speziell ist, dass er nicht irgendwo nachgebaut werden könnte. Eremiten brauchen alte Bäume mit von Spechten gemeißelten Höhlen und von Pilzen erschlossenem Mulm. Nach ihrer mehrjährigen Entwicklung zum Käfer leben Eremiten weiter in derselben Höhle. Oder sie fliegen hinaus, um neue Baumhöhlen zu besiedeln. Eremiten entfernen sich nur ein paar Hundert Meter von ihrer Geburtshöhle, um auf der gleichen Höhe von sechs bis zwölf Metern eine neue Höhle für die Eiablage und die nächste Generation Eremiten zu besiedeln. Wenn sie in ihrem Radius und auf ihrer Flughöhe keinen alten Baum mit mulmiger Höhle finden, stirbt mit ihnen der Fortbestand der Art.

So wie dem Eremiten geht es vielen anderen Käferarten, Schmetterlingen, Wanzen, Schnecken, Springschwänzen. Die Elbe schafft weit über den Fluss hinaus die Grundlagen für die biologische Vielfalt an Land.

Eichen beherrschen die Wälder an der Mulde-Mündung bei Dessau, im Steckby-Lödderitzer Forst, im Wald bei Groß Rosenburg in der Nähe der Saale-Mündung. Fünfhundert oder gar sechshundert Jahre alte Methusalem-Eichen stehen am Rand matschiger Röhrichte an der Mittelelbe, meterdicke Solitäreichen bewachen die Wiesen in der weiten Aue. Alte Eichen sind ein Biotop für sich und bieten zig Käfern, Faltern und anderen Insektenarten in Borke und Blattwerk einen Lebensraum. Während ich im Wald zwischen Saale und Elbe stromere, höre ich einen Schwarzspecht rufen. Ich sehe Buntspecht und Grünspecht zwischen Eichen und Eschen eilen. Sie zeigen, wie gut es dem Auwald geht. Am Waldrand stoße ich auf eine undurchdringliche Hecke aus Weißdorn, Schlehen und Pfaffenhütchen. Ich suche nach einem Reh- oder Wildschweinwechsel, um durch die Sträucher zu gelangen, und finde schließlich einen Tunnel durchs Gestrüpp. Aber als ich auf die Knie gehe, merke ich, dass ich zu groß bin, um mich hindurchzuzwängen. Doch ich stoße auf die Geschwemmsellinie des letzten Hochwassers. Wellenförmig ausgebreitet, sind Dinge unter den Sträuchern liegen geblieben, die das letzte Saale-Hochwasser über die Wiese zwischen Fluss und Wald bis unter den Weißdorn und die Pfaffenhütchen gespült hat. Treibholz, blaue und grüne Plastikstäbchen ohne Wattebausch, faustgroße Styroporbrocken, Ästchen, Hölzer, Isana-Kirsch-Lippenpflege, Coffee-to-go-Becherdeckel, Feuerzeuge, Treibholz, Treibholz, Treibholz.

Treibgut

Stör mit Heimatsender

Im Hamburger Hafen verlor sich 2008 die Spur von *Acipenser sturio*. Mit einem Sender versehen, hatte der junge Europäische Stör zügig die Elbe von Lenzen aus im Naturpark Brandenburgische Elbtalaue flussabwärts durchschwommen, das Wehr bei Geesthacht vor den Toren Hamburgs übersprungen und dann die Hafenbecken angesteuert. Jörn Geßner, Diplombiologe am Leibniz-Institut für Gewässerökologie und Binnenfischerei, fahndete noch eine ganze Zeit lang im Hafen nach dem damals vermutlich vierzig Zentimeter langen Fisch. Er suchte ihn auch elbabwärts bei Wedel, dann jedoch gab er die Peilung auf. Geßner vermutete den jungen Stör in einer Kaimauernische des Hafens, wo der Fisch es warm hatte und reichlich zu fressen fand. Zweiundfünfzig Jungtiere hatte Geßner im Spätsommer 2008 in der Elbe ausgesetzt. Sie waren die Nachkommen der letzten noch lebenden Europäischen Störe – ein natürlicher Schatz, den französische Forscherkollegen ihm überlassen hatten und den er der Elbe überantwortete.

Dreizehn Jahre hörte und sah Geßner nichts von den Tieren. 2021 tauchten fünf Europäische Störe aus dem Zuchtprogramm wieder in der Elbe auf. Geschlechtsreif und willig, an der Mittelelbe und den Nebenflüssen zu laichen und sich zu vermehren. Während sie in der Nordsee und im Atlantik erwachsen wurden, haben Techniker am Wehr bei Geesthacht östlich von Hamburg eine für Störe passierbare Aufstiegsanlage gebaut. Theoretisch können die Störe das Wehr überwinden, wenn sie nicht in der Unterelbe oder im Hamburger Hafen mit Containerschiffen kollidieren.

Die Europäischen Störe laichen auf lockeren Kiesbänken an den Unterläufen und Mittelläufen von Flüssen, die in die Nordsee fließen und in denen sie einst aufwuchsen. Die in der Elbe herangewachsenen Störe sind daher in die Elbe zurückgekehrt und wandern nun flussaufwärts, bis sie in Havel, Saale, Mulde oder andere Flüsse gelangen. Schaffen es die Störe über Geesthacht hinaus bis in die Mittelelbe, versperren ihnen weitere Wehre den Weg in Havel oder Saale. Aber in die Mulde können sie wandern, wenn sie bei der Mündung in Dessau die neue Aufstiegsanlage nehmen. Der letzte fortpflanzungsfähige Stör in der Elbe war 1985 gefangen worden. In der Nordsee ging in den 1990er-Jahren ein zwei Meter langer Stör ins Netz. Sie waren die Letzten ihrer Art aus einem deutschen Fluss. 1964 hatten Biologen die letzte Vermehrung im Flusssystem der Elbe beobachtet, und somit war in den 1980er- und 1990er-Jahren klar gewesen: Da kommt keiner mehr.

Einst besiedelte der Europäische Stör Elbe, Weser und Rhein samt Nebenflüssen wie Havel, Saale, Eider, Oste. Bis nach Prag – immerhin an der Moldau gelegen – drangen die Fische von der Nordsee über die Elbe bis ins Landesinnere vor, um auf den Kiesbänken geschützter Flussschleifen zu laichen. Von der Natur her legt ein Störweibchen bis zu 2,5 Millionen dunkelgraue, klebrige Eier in den Kies, die dann von den Männchen besamt werden. Die Elterntiere schwimmen nach dem Laichen wieder in die Nordsee, wo sie die meiste Zeit ihres rund sechzig Jahre währenden Lebens verbringen. Jahr für Jahr wandern sie aus der Nordsee die Flüsse hinauf, laichen, wandern zurück ins Meer. Aus den Eiern auf den Kiesbänken in den Oberläufen der Flüsse schlüpfen nach geraumer Zeit Larven, die sich zunächst vom Dotter ernähren, sich dann an die Uferstreifen treiben lassen und dort Mückenlarven fressen. Innerhalb weniger Monate entwickeln die Larven sich zu einem kleinen Fisch, der schon mit ungeübtem Auge als das Fossil erkannt werden kann, als das der Stör bezeichnet wird. Störe sind Knochenfische und sehen eher kantig aus. Die jungen Störe wachsen schnell, wandern flussabwärts, gewöhnen sich vier, fünf Jahre im Brackwasser der Flussmündungen an das salzige Meerwasser und stechen schließlich in See. Zwischen zehn und zwanzig Jahre leben die Störe in der Nordsee und dem Atlantik vor Europa, die Männchen sind dann 1,20 Meter lang, die Weibchen schon 1,50 Meter. Als geschlechtsreife Fische folgen sie ihrem Heimatsender und wandern zu den Laichplätzen in den Flüssen.

Derart stoisch seinem evolutionären Drang folgend überlebte der Europäische Stör zweihundert Millionen Jahre. Er meisterte Eiszeiten und Klimawandel, überstand die Verschiebungen von Kontinentalplatten und schützte sich gegen Fressfeinde im Meer mit steinharten Knochenplatten. Menschen lieferte er jahrhundertelang schmackhaftes Fleisch und nach der Entdeckung des Rogens als »Cahv-Jar«, was im Persischen »Kuchen der Freude« bedeutet, auch eine wertvolle Delikatesse. Bis Ende des neunzehnten Jahrhunderts konnten die Europäischen Störe den Zeiten trotzen. Dann baute der Mensch Staustufen und Wehre in die Flüsse, leitete Industrieabwässer und Fäkalien ein. In der Elbe begann der Artentod des Störs mit dem massenhaften Einbau von Wasserklosetts in Hamburg ab 1860 – gegen die Bakterien und Pilze waren der Knochenfisch und die Eier am Flussgrund wehrlos. Bis dahin berichteten Fischer des neunzehnten Jahrhunderts, dass sie allein aus dem Kölbrand – einem Elbarm am Südufer Hamburgs – tausendeinhundert Störe in einer Saison gefangen hatten. 1875 gingen im Kölbrand hundertsechzig und schließlich 1893 nur noch zwei Störe in die Netze. Da die Fische nicht mehr bis nach Hamburg wanderten, kamen die Fischer ihnen entgegen und fischten sie aus der

Deutschen Bucht. Die Störe gelangten fortan nicht mehr bis zu ihren Laichplätzen und starben schließlich in der Nordsee aus. Französischen Wissenschaftlern war es 2007 in Bordeaux erstmalig gelungen, Nachkommen von sechsundneunzig in Gefangenschaft gehaltenen Europäischen Stören aus der Gironde zu züchten. In der Gironde laichten damals die einzigen noch natürlich lebenden Europäischen Störe. Die französischen Störforscher gaben ihren deutschen Kollegen am Leibniz-Institut für Gewässerökologie und Binnenfischerei in Berlin fünfhundert Jungstöre ab. Jörn Geßner und seinen Kollegen war das Kunststück der künstlichen Stör-Vermehrung bis dahin nicht geglückt. Sie hielten vierzehn Europäische Störe aus Frankreich in den Aquarien des Leibniz-Instituts am Berliner Müggelsee, aber die Fische hatten keinen Nachwuchs. Die Störe in den Forschungstanks bestätigten die Erkenntnis von Wildbiologinnen und Biologen weltweit: Es ist extrem aufwendig und schwierig, eine in ihrem natürlichen Lebensraum ausgerottete Art wiederzubeleben.

Besser als dem Europäischen Stör geht es seinem amerikanischen Verwandten, der streng biologisch betrachtet eine eigene Art ist. Der amerikanische Atlantische Stör *(Acipenser oxyrinchus)* hat nicht nur die Industrialisierung überlebt. Er gedeiht auch in den Teichen und Aquarien am Müggelsee ganz prächtig. Der amerikanische Stör, haben Jörn Geßner und seine Kollegen entdeckt, ähnelt genetisch den Baltischen Stören, die einst in der Ostsee lebten. Der originale Baltische Stör in der Ostsee ist unwiederbringlich ausgestorben. Aber die in Kanada lebenden Störe stimmen genetisch so weit mit den Baltischen Stören überein, dass sogar strenge Taxonomen unter den Fisch-Wissenschaftlern den neuen Ostseestör als heimische Art der Ostsee anerkennen. Aus vierzig in Kanada gefangenen amerikanischen Stören haben Geßner und sein Team Millionen von Nachkommen in den Aquarien am Müggelsee produziert. Seit 2007 haben sie rund drei Millionen junge, gerade einmal handtellergroße Störe in der Oder ausgesetzt und ihren Weg in die Ostsee verfolgt. Hinweise über ihren Weg liefern die Fischer, denen manchmal einer ins Netz geht. Da einige Tausend Störe eine Kunststoffmarke an der Rückenflosse haben, können die Ostsee- und Oderfischer die Tiere identifizieren. Sie melden Fund, Gewicht, Größe und schicken nach Möglichkeit ein Foto an das Leibniz-Institut in Berlin. Ein junger Stör ist schon viermal gefangen und wieder freigelassen worden. Aber nur ein einziger von Millionen freigelassener Ostseestören ist bislang in die Oder zurückgewandert. Das war 2016. Seitdem warten Geßner und die Störforscher auf die Rückkehr der Störe.

Kapitel 10

Auf zu neuen Ufern

Knarrend und melodiös dringt der Gesang des Drosselrohrsängers aus dem Schilf. Nachdem ich den Tönen mit den Ohren gefolgt bin, entdecke ich ihn hoch oben an einem der braunen Schilfrohre, die aus dem vergangenen Sommer stehen geblieben sind und als raschelnder Schilfwald unterschiedlichen Vogelarten im Frühjahr einen Brutplatz und ein Zuhause bieten. Die Federn am massigen Kopf aufgestellt, den Hals gereckt, singt der Drosselrohrsänger entschlossen, schweigt, blickt von seiner im Wind wogenden Warte umher, schnalzt bisweilen »Kschakschakschak« über die Havel. Ich habe das Gefühl, als beobachtete er mich aus den Augenwinkeln, während ich im Kanu an ihm vorbeiziehe.

Der Gesang der Drosselrohrsänger begleitet uns vom Morgen bis in den Abend während der Tage auf der Unteren Havel. Es ist Anfang Mai. Immer wieder ertönt ihr melodischer Gesang, und die Vögel machen ihrem Vornamen »Drossel« alle Ehre, obwohl sie gar nicht zu den Drosseln zählen. Aber sie singen ebenso virtuos wie eine Amsel am Abend. Drosselrohrsänger *(Acrocephalus arundinaceus)* gehören zur Familie der Rohrsänger in der Überfamilie der Zweigsänger *(Sylvioidea)* und nicht zu den Drosseln *(Turdidae)*. Mit den Ohren entdecke ich hoch oben auf einer Weide einen Kuckuck. Der bildet eine Familie für sich; die Tierartenklassifizierer gestatten den verschiedenen Kuckuck-Arten eine eigene Ordnung, die *Cuculiformes*. Sie sind mit anderen Vögeln nicht zu vergleichen. Dunkel ruft der Kuckuck auf der Weide wie aus dem Inneren einer Tonschale. Ohne seinen einzigartigen Gesang, den wir alle kennen, wäre mir der gräulich unscheinbare Vogel da hoch oben nicht aufgefallen. Kaum habe ich ihn entdeckt, erhebt er sich schwerfällig, überquert mit eher langsamen, ein wenig angestrengt wirkenden Schlägen den Fluss und lässt sich auf einer hohen Weide am anderen Ufer nieder. Zu meiner Überraschung singt er sein dumpfes »Gu-ko, gu-ko« auch, als er mit geöffnetem Schnabel über uns hinwegfliegt. Kuckuck ruft es in diesen Maitagen an der Unteren Havel nicht aus dem Wald, sondern von überall her. Ich kann mich nicht erinnern, jemals so viele Kuckucke in einer Region gehört zu haben wie hier zwischen Brandenburg und Sachsen-Anhalt.

Zwischen Schilf und Wiesen, unter esstischdicken Weiden auf den mit rauen Steinbrocken befestigten Ufern fließt die Havel dahin. Fast, ja, fast könnte sie schon hier von der Natur der Flüsse erzählen, deren Botschafterin die Havel ist. Drei Kanutagesreisen stromabwärts mündet sie in die Elbe, wobei sie genau genommen kurz vor der Mündung noch einmal von einem Wehr gestaut wird und durch den kanalartigen Gnevsdorfer Vorfluter trödelt, um das Land vor Hochwasser zu schützen. Vor dem Bau des Wehrs und des Kanals floss die Havel bei Quitzöbel in die Elbe, seit den 1960er-Jahren mündet der Fluss zum Teil dort und zu einem anderen Teil bei Rühstädt. Die Havel und ihre diversen Umbauten aus den vergangenen hundertfünfzig Jahren machen es einem nicht so einfach, die Natur des Flusses zu entdecken. Noch paddeln wir auf dem von Wehren gestauten Abschnitt der Havel zwischen Milow und Garz. Alle paar Flusskilometer sperren fußballfeldgroße Schleusen den Fluss und bremsen ihn. Insgesamt sechs Schleusen haben die Wasserbauingenieure Anfang des zwanzigsten Jahrhunderts im Fluss errichtet, um Land zu gewinnen und die Havel für die Dampfschiffe auszubauen. Vor allem die damals neuen Schiffstypen mit Schraubenantrieb brauchten tiefere Fahrrinnen als die ebenfalls mit Dampfmaschinen betriebenen Schaufelradschiffe. Für mit Schrauben angetriebene Schiffe müssen die Ufer stabil sein, denn die Schiffe machen starke Wellen. Über natürliche, weiche Ufer laufen die Wellen der Schraubenschiffe hinweg und zerstören sie mit der Zeit. Kilometer um Kilometer haben Generationen von staatlichen Wasserwerkern daher die fließenden Ufer der Havel mit rauen, grauen Gesteinsbrocken zugeschüttet und mit sogenannten Deckwerken befestigt. Zwischen Deckwerk am linken und Deckwerk am rechten Ufer haben die Wasserschifffahrtsstraßenverwalter den Fluss auf 1,40 Meter ausgebaggert, überall gleich tief, wie in einem Kanal. Und weil die Havel in jedem Winter und jedem Frühjahr über die Ufer läuft, haben sie Kaspische Weiden auf die Deckwerke gepflanzt. Die hoch und breit wachsenden Weiden befestigen die Ufer, und die Weidenreihen zeigen den Steuerleuten bei Hochwasser, wo die Fahrrinne endet.

Stromabwärts fahren wir mit dem Kanu durch Schleusen, die heutzutage nur noch als historische Baudenkmäler aus den Rohrkolben ragen und am Rande von idyllischen Dörfern wie Garz und Grütz liegen. Die gemauerten Schleusenbecken sind so lang, dass wir darin mit dem Kanu um die Wette fahren könnten, während wir darauf warten, dass das Wasser abläuft und wir wieder durch das Schleusentor auf die Havel paddeln können.

Hinter der letzten Schleuse stromabwärts bei Garz beginnt die neue, alte Freiheit der Havel, eine einzigartige Flusslandschaft in Deutschland. Und ihretwegen bin ich an die Untere Havel gekommen. Befreit von Deckwerken, Steinen und Buhnen, fließt sie durch Schlingen und weite Kurven, spült Sandbänke frei und gräbt tiefe Stellen, schafft weiße Strände und modrig erdige Vorsprünge am Ufer. Die Havel strömt wieder durch ihre einst vor Jahrhunderten geschaffenen Altarme und die natürlichen Flutrinnen, von denen die rauen Steinschüttungen den Fluss je nach Bauabschnitt fünfzig, siebzig, hundert Jahre getrennt haben. Grundwasser in der

Havelaue bilden Seen, teichartig buchtet sich der Fluss aus, Wasserläufer springen auf den Tümpeln entlang der Havel.

Die Havel erzählt von dem, was möglich ist, wenn Menschen sich entscheiden, der Natur einen Raum zu geben. Sie zeigt, dass Menschen und Flüsse in Deutschland im einundzwanzigsten Jahrhundert naturnah zusammenleben können und die Bedürfnisse der Menschen und der vielfältigen Lebewesen in und an einem Fluss zusammenpassen. Sogar der Schutz vor Hochwasser und auch die verständlichen Wünsche der Menschen am Fluss, ihn wirtschaftlich zu nutzen und jede Woche angeln zu gehen. An der Havel zeigen Wasserbauingenieurinnen und Naturschützer, Biologinnen, Fischer, Politikerinnen, Landwirte, Binnenschiffer, dass Klimaschutz und der Erhalt der biologischen Vielfalt zusammengehen. Jahrzehntelang haben sie sich gestritten über die Havel, ob sie weiter ausgebaut werden soll oder wieder natürlich fließen kann, ob der Fluss in den Steinschüttungen kanalisiert bleiben soll oder wieder ein natürliches Ufer bekommen darf. Die Havel erzählt die Geschichte vom langen Kampf einer ganzen Generation von Naturschützern, die schon zu DDR-Zeiten versuchte, die Natur zu retten. Nach der Wiedervereinigung haben westdeutsche Naturschützer sie unterstützt, und gemeinsam sind sie für den Fluss auf die Barrikaden gegangen. Dass sie nach fünfundzwanzig Jahren erbitterter politischer Auseinandersetzungen mit wechselnden Landes- und Bundesregierungen und unterschiedlichen Parteien, nach Schmähungen und zerstochenen Reifen ihre Ziele erreicht haben, zeigt auch, dass Menschen sich einigen können. Menschen können reden und einen Kompromiss finden. Die Havel zeigt, dass ein Umdenken möglich ist. Sie ist daher eine Erfolgsgeschichte des Naturschutzes und ein Vorbild für die Renaturierung von anderen Flüssen.

Havelausbau von Kaiser Wilhelm bis Kanzler Kohl

Die Havel ist ja nicht irgendein Fluss, sondern eine Bundeswasserstraße und auf ihrem westlichen Lauf von Berlin-Spandau seit jeher einer der wichtigsten Zuflüsse und damit auch Schiffzubringer der Elbe. Über 334 Flusskilometer schlängelt sich die Havel von der Quelle im heutigen Müritz-Nationalpark bis zur Mündung westlich von Havelberg, sie umfließt Berlin und bildet zur Freude der Berlinerinnen und Berliner sowie aller Zugezogenen den Wannsee, Jungfernsee, Schwielowsee und eine ganze Menge anderer Seen. Die Havel nimmt jede Menge Flüsse wie Dosse, Nuthe, Stremme und bei Berlin-Spandau die wasserreichere Spree auf. Als Wasserstraße war die Havel seit jeher eine der wirtschaftlichen Adern östlich und westlich des heutigen Berlins, und natürlich haben die Menschen sie lange vor dem Bau der Stadt mit Nachen und Kähnen genutzt, um Handel zu treiben und voranzukommen. Würde die Havel auf direktem Weg von der Quelle in der Mecklenburgischen Seenplatte in die Elbe fließen, bräuchte sie nur vierundneunzig Kilometer durch das Norddeutsche Flachland und hätte den Wasserbauern in den vergangenen dreihundert Jahren eine Menge Arbeit erspart. Mit Kanälen und vielen Durchstichen zwischen den Flussschleifen kürzten sie den Weg über die Havel ab. Die Wasserbauingenieure im Kaiserreich vereinfachten damit den Flussweg, regulierten die Fließgeschwindigkeit, die Wassermenge und damit auch die jährlichen Hochwasser. Im Deutschen Reich unter Kaiser Wilhelm II. stritten sich Politiker, Unternehmer und die ostelbischen Junker um die Havel. Der trödelnde Fluss zwischen den Wiesen war eine entscheidende Verbindung verschiedener Wasserstraßen von West nach Ost. Die Industriellen an Rhein und Ruhr wollten Ende des neunzehnten Jahrhunderts freie Fahrt bis nach Magdeburg und darüber hinaus nach Polen, also einen Kanal vom Rhein zur Elbe und an die Oder. Heute ist er in seiner Gesamtlänge bekannt als Mittellandkanal, auch wenn Abschnitte eigene Namen haben. Die Großgrundbesitzer in Pommern, Anhalt und Brandenburg waren dagegen. Die ostelbischen Junker bauten vor allem Getreide an und fürchteten, dass mit den Schiffen auch billiges amerikanisches Getreide und andere landwirtschaftliche Güter in den Osten des Deutschen Reichs kommen könnten. Als sogenannte Kanalrebellen verhinderten sie zusammen mit Beamten und Landräten im preußischen Abgeordnetenhaus den Bau des Mittellandkanals über Hannover hinaus und brachten die Regierung von Kaiser Wilhelm II. ins Wanken. Es herrschte eben kein Absolutismus wie zu den Zeiten, als Friedrich der Große das Oderbruch trockenlegte. Um die Macht in Berlin zu retten und die großen Pläne der durchgängigen Wasserstraßen vom Rhein bis zur Oder durchzusetzen, wurden die Großgrundbesitzer mit mehr Land befriedet, das ihnen der Ausbau der Havel brachte. Die preußischen Wasserbauer kanalisierten das Land, verbanden Städte und Flüsse mit dem Elbe-Havel- oder dem Sacrow-Paretzer Kanal. An der unteren Havel bauten sie zwischen 1904 und 1911 die sechs noch heute stauenden Wehre, um sicherzustellen, dass bis zum 1. Juni eines jeden Jahres die Wiesen an der Havel trockenfielen. Das war das große Zugeständnis an die ostelbischen Junker und Kanalrebellen, die damit mehr Land für Vieh und Acker gewannen. Dann begann Deutschland den Ersten Weltkrieg und legte die Pläne der großen Wasserstraßen ins Trockene. Den letzten Anschluss und kanalartigen Ausbau der Unteren Havel verhinderten der Zweite Weltkrieg und die Teilung Deutschlands an der Elbe in BRD und DDR. Wer wollte im Kalten Krieg noch von der Ruhr an die Oder fahren?

Nachdem West- und Ostdeutschland 1990 wiedervereint waren, lag die Havel plötzlich wieder mitten in Deutschland. Die Politik holte die alten Ideen von der Havel als Wasserstraße für Güterschiffe und den industriellen Aufschwung aus der Schublade. Die Wirklichkeit hatte die Theorie jedoch überholt. Zu DDR-Zeiten waren Millionen Tonnen Waren im Jahr über die Havel nach Westberlin geschippert. Der Fluss war eine günstige und praktischere Verbindung als die ollen Betonpisten der Autobahnen in der DDR. Ab 1990 brach dieser Güterstrom zusammen, denn die Straßen waren offen, und die Wirtschaft stellte gerade auf Just-in-time um. Wasserstraßen sind gut für Massenware wie Kohle, Stahl, Weizen, Tierfutter, Schrott. Große schwere Sachen, die nicht in aller Schnelle ankommen müssen, weil die Produktion davon abhängt, ideal also für das weitgehend industriefreie Westberlin. Doch auf der Havel fuhren schon Mitte der 1990er-Jahre nur noch einige wenige Binnengüterschiffe in der Woche. Manchmal kam gar kein Schiff. Dennoch erschien in der Aufbaueuphorie nach der deutschen Wiedervereinigung die Havel als Wirtschaftsweg wieder auf dem Plan. Mit Elbe und Saale wurde sie zu Projekt 17 der Deutschen Einheit und landete im Bundesverkehrswegeplan. Für 4,5 Milliarden Mark wollte die damalige Bundesregierung unter Kanzler Helmut Kohl eine Wasserstrecke zwischen Hannover, Magdeburg und Berlin schaffen. Bis zu 185 Meter lange Schubverbände aus Güterschiffen und angehängten Transport-Schuten sollten darauf ungehindert fahren und sich begegnen können. Die Kanäle zwischen der Havel und der Elbe, Spree, Berliner Westhafen und anderen Wasserstraßen wie dem altgedienten Elbe-Havel- oder dem Sacrow-Paretzer Kanal sollten ausgebaut und die Havel ertüchtigt werden. Fluss und Kanäle sollten auf der ganzen Strecke auf vier Meter Tiefe ausgebaggert, die Kanäle zwischen den Spundwänden auf zweiundvierzig Meter und Kurven auf siebzig Meter Breite verbreitert werden. Die Havel sollte zu einer Hauptader des wirtschaftlichen Aufschwungs in den neuen Bundesländern werden. Kanzler Helmut Kohl wollte am industriell ertüchtigten Fluss blühende Landschaften schaffen.

Naturschützerinnen, Ökologen, Vogelfreunde aus Wissenschaft, Wirtschaft und sämtliche Naturschutzverbände wie Grüne Liga, BUND, Nabu, WWF kämpften für Havel, Elbe, Spree und die ebenfalls in Projekt 17 aufgeführte Saale. Die Ausbaupläne für die Mittelelbe zwischen Magdeburg und Lauenburg stammten aus den 1930er-Jahren, waren zunächst im Zweiten Weltkrieg untergegangen und nach Kriegsende wegen der Deutschen Teilung ähnlich wie bei der Havel nicht umgesetzt worden. Nach dem Ende der DDR witterten die westdeutschen Wasserbauer ihre Chance, die noch natürliche Mittelelbe so zu begradigen und auszubauen, wie sie das an allen vergleichbaren Flüssen in der alten Bundesrepublik Deutschland auch gemacht hatten. Das Verkehrsprojekt 17 war von Beginn an veraltet, unwirtschaftlich und deswegen unsinnig, doch es dauerte fünfundzwanzig Jahre, bis die Bundesregierung das Projekt aufgab. Die wechselnden Bundesverkehrsminister von CDU/CSU und SPD hantierten jahrzehntelang mit utopischen Zahlen über das Gütertransportaufkommen, die Arbeitsplätze in der Binnenschifffahrt und die zu erwartenden Schiffe. Die Treuhandanstalt und die daraus später hervorgegangene Bundesanstalt für vereinigungsbedingte Sonderaufgaben (BvS) wickelten die ostdeutsche Industrie ab, doch die Bundesregierung hielt an den Zahlen über Millionen Tonnen Kohle, Erze, Rohstoffe fest, die angeblich per Schiff über die Wasserstraßen hätten kommen sollen. Schon damals tuckerte im Durchschnitt ein Schiff pro Woche durch die ruhig liegenden Kanäle und über die naturnahe Havel. Die Naturschutzverbände aus Ost- und Westdeutschland stritten mit Gutachten über die wirtschaftliche Unsinnigkeit des Flussausbaus, klagten vor Gerichten und setzten die ganze Macht ihrer Presse- und Öffentlichkeitsarbeit ein. Fünfundzwanzig Jahre lang kämpften sie gegen das Verkehrsprojekt 17 der Deutschen Einheit, und die letzten Ideen zum Ausbau des Mündungsgebiets der Spree in die Havel in Berlin kippten erst 2016.

Ab Februar, März steht das Wasser auf den Wiesen und verwandelt die Landschaft östlich von Havelberg in eine flache Seenplatte, aus der Weiden, Pappeln, Schwarzerlen wie einsame Leuchttürme auf Inseln im Meer ragen. Gehöfte stehen auf Warften, den norddeutschen Erdhügeln mitten im Land, die wie eine Hallig den Hof und das Haus vor Überflutung schützen. Doch Hochwasser ist hier keine Katastrophe, sondern normal an zweihundert Tagen im Jahr, was zeigt, dass es eben gar kein Hochwasser ist, sondern die Natur des Flusses. »Breitwasser« sagen die Bewohner der Havelniederung. Wenn der Wasserpegel steigt, läuft das Wasser zu beiden Seiten aus dem Hauptflussbett in die Breite der Aue. Die Havel floss am Unterlauf vor ihrer gut hundert Jahre währenden Eindämmung zwischen den Deckwerken und Buhnen in mehreren Betten und Armen. Sie hat eine weite Aue gebildet, die über Wiesen und endlos scheinende Schilfrohrflächen bis an einen in der Ferne eben noch erkennbaren Waldrand heranreicht. Ein paar Meter steigt dort das Land an, sandig der Boden, gerade gut für Stieleichen und auch Kiefern, die auf dem von Natur aus von Eichen bewachsenen Waldgrund gepflanzt wurden. Die preußischen Wasserbauingenieure zu Beginn des zwanzigsten Jahrhunderts und ihre Nachfolger in der DDR haben die Untere Havel nie so ganz zivilisiert und industrialisiert, wie die Wasserwirtschafter das an anderen Flüssen gemacht haben. Ein bisschen wilder Ursprung war noch vorhanden, als Naturschützer 2005 mit dem Rückbau begannen.

Wenn Menschen über die Ufer hinaus denken

Die Harmonie liegt in der Veränderung. Dem alten Gesetz der Flüsse folgend, schaffen Menschen die Voraussetzungen dafür, dass die Havel wieder frei in alle Ritzen, Altarme, Flutrinnen und sandigen Ufer fließen kann. »Wir wollen nicht den Urzustand, sondern die Funktionen wiederherstellen«, sagt Rocco Buchta, der das Nabu-Havelprojekt an der Unteren Havel zwischen Pritzerbe und Quitzöbel leitet. Bis 2033 werden Buchta und ein Team von Wasserbautechnikern und Ingenieurinnen rund hundert Kilometer Havel natürlich gestalten. Sie bauen die menschlichen Verheerungen der vergangenen hundert Jahre ab, damit am und im Fluss die dort natürlich lebenden Tiere und Pflanzen wieder Lebensräume finden. »Abiotische Strukturen für biotische Zustände schaffen« nennt das Buchta, der selbst Maschinenbauingenieur ist und in Wasserbau promoviert hat. Wenn wieder alles fließt, werden Buchta und sein Team rund hundert Millionen Euro für die Freiheit der Unteren Havel ausgegeben haben. Das Geld kommt vom Bundesumweltministerium und dem Bundesamt für Naturschutz, vom Land Brandenburg und vom Land Sachsen-Anhalt, außerdem von einem sehr großzügigen Spender aus Westdeutschland, der seine Ehefrau einst an der Havel kennenlernte, einem Unternehmenssponsor des Nabu sowie Tausenden Nabu-Mitgliedern und Naturfreundinnen, die das Projekt fördern. Hundert Millionen Euro sind eine Menge, doch sind sie nur ein Bruchteil des Geldes, das der Staat als Verantwortlicher für die Bundeswasserstraße Havel aufbringen müsste, um den heutzutage zwecklosen Uferverbau mit Tausenden Tonnen Steinen zu erhalten. Die Natur der Havel ist billiger als eine zivilisierte Havel. Vor dem Beginn des Rückbaus hat der Staat zehn Millionen Euro im Jahr für den Unterhalt ausgegeben. Sind die Ufer erst mal natürlich frei, kosten sie nichts.

Den Lebensraum für Federlibelle und Flussregenpfeifer schaffen die Naturschützer mit dem Bagger. Die Maschinen räumen die Gesteinsbrocken weg, die einen halben Meter hoch vom Wasser bis ans Land die Ufer der Havel abdecken. Über die rauen, grauen Steinschüttungen komme ich als Kanufahrerin nicht hinweg und kann an ihnen auch nicht anlanden. Die Deckwerke verhindern das natürliche Leben am Ufer. Fischotter kommen nicht an Land, Grasfrösche gelangen nicht ins Wasser der tümpelgroßen Buchten eines natürlichen Flusses, wobei es ebenjene Tümpelchen und Buchten gar nicht mehr gibt, wenn die Deckwerke den Fluss in der Bahn halten. Am südwestlichen Ufer der Havel bei Strodehne haben die Bagger im September 2021 die Steine zu Haufen getürmt, jeder einzelne hoch wie ein mehrstöckiges Haus. An den Ufern schwappen die Wellen an die Wurzeln der Röhrichte und Schilfstängel, beulen und buchten das Ufer, schaffen die Strukturen, die all die Tiere und Pflanzen des Flusses brauchen. Auch ein feiner weißer, bisweilen goldgelber Sandstrand entsteht, wenn die Steine nicht alles abdecken. Da das Wasser der Havel wieder sauber ist, laden die Strände Sommerfrischler zum Baden ein. Touristen kommen ins Havelland. Die Buhnen im Fluss tragen Rocco Buchta und die Natur-Wasserbauer nicht ab. Sie schütten Kies und Sand drüber, trennen die Buhnen vom Land und bauen Sandbänke aus den alten Störenfrieden. »Das sieht profan aus, ist aber eine Menge Arbeit«, sagt Buchta, den ich auf einem Flussdampfer bei einer Nabu-Exkursionsfahrt durch das Projektgebiet treffe.

Es ist Spätsommer geworden. Ein Schwarm Kiebitze sitzt auf einer Sandbank zwischen einem wieder an die Havel angeschlossenen Altarm und dem Fluss. Sie rasten hier auf ihrer großen Reise von den Brutgebieten im Norden und Osten Europas und ihrem Winterquartier weiter im Süden und Westen. Kiebitze lieben nasse sumpfige Gegenden, und in früheren Zeiten haben sie auch an der Havel gebrütet. Die flache Aue bietet von Natur aus alles, was Kiebitze zum Brüten und Aufziehen der Jungen brauchen. Doch haben sie die Verheerungen der Vergangenheit offenbar noch nicht verwunden. Die großen Trupps fliegen bislang nur durch und suchen sich ein Brutgebiet weiter im Osten. Ein Schwarzer Milan patrouilliert im Schwebeflug entlang des Ufers, gaukelt Windböen mit dem Schwanz aus. Ich entdecke zwei Männer mit Angeln in einem Ruderboot am Beginn eines wieder an die Havel angeschlossenen Altarms. Der eine sitzt im Heck, der andere am Bug, eine Frau hockt auf der Mittelbank, und plötzlich biegt und beugt sich die Angelrute des Mannes am Bug, die Schnur spannt sich, ein Fisch klatscht aus dem Wasser. Unser Dampfer tuckert zu schnell, um den Zweikampf zwischen Mann und Fisch zu beobachten, sie verschwinden aus dem Sichtfeld hinter Weidengebüsch.

Mehr Fische seien seit ein paar Jahren im Fluss, erzählt Buchta. Aitel und Aland finden die Havel wieder sauber genug, um dort zu leben und zu laichen. Angler nennen den Aitel *(Squalius cephalus)* auch Döbel. Im klaren Wasser der Isar am Flaucherwehr in München habe ich Aitel beobachtet, wie sie am Rand der Strömung im ruhigen Wasser standen, um vorzupreschen, wenn ein Insekt oder ein kleiner Fisch als Beute vorbeitrieben. Aitel sind anspruchsvoll, sie brauchen saubere, unbelastete Flüsse wie die Isar und Seen. Sie sind Zeigerfische für die Wasserqualität, und in der Unteren Havel beweisen sie, dass das Wasser sauber ist, auch wenn es trübe scheint. Die Aitel zeigen vor allem auch, dass die Anstrengungen von Buchta und seinen Kolleginnen wirken. Von der Brücke über einen Havelarm am Haus der Flüsse in Havelberg beobachte ich Aitel, manche von ihnen schon lang und kräftig, andere noch dünne Jungspunde, und ich frage mich, wie sie die saubere Havel wieder entdeckt haben. Ziehen Pioniere los und sagen den anderen Aiteln, dass das Wasser rein ist? Wenn das Wasser schmutzig wird, wenn Chemikalien, Bakterien aus Kläranlagen oder Dreck vom Land den Fluss verschmutzen, ziehen die Aitel weiter. Fische lernen ebenso wie Säugetiere und Vögel ihr Leben lang. Doch im Vergleich zu den Säugetieren bilden sich die Nervenzellen im Gehirn von Fischen schneller, und sie entwickeln ein Leben lang neue Nervenzellen. Fische können daher die Erkenntnisse gut umsetzen, die sie aus einer veränderten Umwelt ziehen.

Jahrzehntelang waren Aitel und Aland in der Havel verschwunden. Rocco Buchta ist in Rathenow an der Havel aufgewachsen und erinnert sich, dass Ende der 1980er-Jahre die Havel grasgrün war. Algen sättigten das Wasser, denn sie fanden in den hohen Phosphat- und Nitratmengen in der Havel einen hervorragenden Nährgrund. Wenige Wasserpflanzen überlebten die Verschmutzung. Flussmuscheln, Schnecken, Käfer, Zuckmücken, Libellen und andere Wasserinsekten verschwanden aus dem chemisch belasteten und für die Schifffahrt ausgebaggerten Fluss. Damals lebten gerade noch Zander *(Sander lucioperca)* in der Brühe, denn sie mögen das trübe Licht in tiefen Flüssen und dem Brackwasser. Je trüber das Wasser, desto besser können Zander sich anpirschen und Flussbarsche, Plötzen, Rotfedern packen. Da die Havel nun seit Jahren wieder klar, sauber, kalt und frei durchs Land fließt, haben sich die Zander ins Brackige zurückgezogen. Den Flussbarschen *(Perca fluviatilis)* geht es seitdem besser, denn sie werden in jungen Jahren nicht mehr so oft zur Beute des Zanders. Allerdings müssen sie sich weiterhin vor Hechten in Acht nehmen. Auch den Hechten *(Esox lucius)* geht es prächtig in der Freiheit der natürlichen Havel. Sie finden ausreichend Wasserpflanzen an den Ufern und auf überschwemmten Wiesen zum Laichen. Die Buchten, Wurzelhöhlen, ins Wasser gefallene Weidenäste, Baumstämme und andere natürliche Strukturen bieten dem Hecht zudem Verstecke, aus denen der Ansitzjäger hervorpreschen und sich mit seiner Beute zurückziehen kann. Hechte leben territorial, sie besetzen ein Revier, und die natürlichen, von Steinen befreiten Ufer sind ideale Lebensräume.

Rocco Buchta hat sein ganzes Leben an und mit dem Fluss verbracht. Als Kind habe er in den 1960er-Jahren miterlebt, wie die letzten großen Wiesen eingedeicht wurden und die Ufer unter Steinen verschwanden, berichtet Buchta. Sein Großvater habe ihm von Lachsen und Stören erzählt, die er in seiner Jugend in der Havel gefangen habe. Havelfischer hatten jahrhundertelang ein gutes

Auskommen, denn den Fischen ging es gut im Fluss. Über die Elbe kamen Lachse und meterlange Störe in die Havel, um auf Sand und Kiesflächen zu laichen. Doch ab 1900 waren die Bestände überfischt, Fäkalien hatten die Elbe in eine tödliche Kloake verwandelt. Wehre versperrten den Weg, und die Lachse konnten nicht mehr von der Nordsee in die Elbe und von dort in die Havel und alle anderen Zuflüsse gelangen. 1921 löschte die Stadt Rathenow den letzten Laichplatz von Lachsen in der Havel.

Störe und Lachse starben in der Generation meiner Großeltern aus, Aale verschwanden in der Generation meiner Eltern. Meine Generation gehört zur letzten, die noch Aale in Flüssen und Weihern erlebt hat. »Aale groß wie Wale«, riefen die Fischverkäufer auf dem Hamburger Fischmarkt in meiner Kindheit, und ich erinnere mich, dass mir die geräucherten, silbrig grauen Aale, die armdick in den Auslagen lagen, unheimlich waren. Einen, noch einen und noch einen der geräucherten Aale knallten die Fischhändler in Packpapier und verkauften sie im halben Dutzend für ein paar Mark. Während ich Rocco Buchta zuhöre, denke ich an meinen Vater, der in den Gräben im Einzugsgebiet der Elbe und in einem Teich auf unserem Grundstück Bungen auslegte, um Aale zu fangen. Nur selten verhedderten sich Aale in diesen schlauchartigen Reusen mit den trichterförmigen Öffnungen zu beiden Seiten. Vielleicht waren schon damals in den 1960er- und 1970er-Jahren keine Aale mehr aus der Elbe in die Este abgebogen und hatten den Teich besiedelt. Heutzutage kommen die meisten Europäischen Aale *(Anguilla anguilla)* von ihrem Geburtsort in der Sargassosee östlich von Florida in Tanklastern bis zu ihren Lebensräumen in den europäischen Flüssen. Fischer schöpfen junge Glasaale aus dem Atlantik vor Europa, mästen sie und bringen die Tiere dann im Tanklaster bis in die Flüsse und Seen des Hinterlands fernab der Küste. Bis zu vierzig Prozent der Glasaale sterben dabei.

Der Aal gehört zu den faszinierendsten und wundersamsten Fischen, der Wissenschaftlerinnen nach wie vor Rätsel aufgibt. Sie wissen zum Beispiel noch immer nicht, wie sich Aale paaren und wo sie Eier ablegen. Jahrelang leben die Europäischen Aale in allen nur erdenklichen Gewässern, die über einen Fluss mit dem Atlantik verbunden sind. Ob Graben, Kanal, Tümpel, See – Aale fühlen sich überall wohl, solange sie Schnecken, Muscheln, Würmer oder Fische, Frösche und deren jeweiligen Laich finden. Denn bei der Ernährung geht es schon los. Je nach Nahrungsangebot entwickeln sich die Tiere zu Spitzkopfaalen, die Würmer, Schnecken und dergleichen fressen, oder zu Breitkopfaalen, die sich von Fischen ernähren. Sie passen sich hervorragend an ihre Umwelt an und nehmen, was vorhanden ist. Aale durchleben zudem sehr unterschiedliche Phasen im Laufe ihres Lebens zwischen Atlantik und Fluss, Tiefsee und Brackwasser und wechseln in jeder Lebensphase ihr Äußeres. In ihrer Fressphase in den europäischen Flüssen und Tümpeln haben sie einen gelben Bauch und einen eher grünlichen Rücken. Sie werden deswegen als Gelbaale bezeichnet. Die Färbung zeigt an, dass sie noch wachsen und nicht geschlechtsreif sind. Wenn Aale mit dreizehn bis fünfzehn Jahren alt genug sind, sich genügend Fett angefressen haben und im Herbst den Drang verspüren, aufzubrechen, färben sie sich um und werden anthrazitgrau mit silbern scheinendem Rücken. Sie beginnen ihre Wanderung in Richtung Sargassosee, und nichts kann sie aufhalten. Aus dem hintersten Altarm und dem abgelegensten Weiher bewegen sie sich zwischen Oktober und November zu einem der großen Flüsse, der in Nord- oder Ostsee mündet. Sie schwimmen durch Gräben und Kanäle, überwinden dabei Wehre und schlängeln sich sogar über nasse Wiesenstücke, um zu einem der Flüsse wie Elbe, Oder, Ems oder Rhein zu gelangen und mit der Strömung ins Meer zu treiben. Einmal unterwegs, fressen Aale nichts mehr. Sie wandeln sich erneut, bilden den Darm zurück und entwickeln

Geschlechtsorgane, die am Ende ihrer Reise die gesamte Leibeshöhle ausfüllen.

In Nord- und Ostsee angekommen, tauchen die Aale ab, finden aus den Meeren heraus in den Atlantik und schwimmen dort tagsüber in bis zu tausend Metern Tiefe in Richtung Sargassosee. Nachts tauchen sie an die wärmere Oberfläche auf. Sie orientieren sich am Erdmagnetfeld und finden durch den Atlantik zurück zu dem Meeresgebiet ihrer Geburt. Rund ein Jahr brauchen sie für die fünftausend Kilometer lange Strecke zwischen den europäischen Küsten und ihrem Laichgebiet vor den Bermuda-Inseln. Dort treffen sie auf Amerikanische Aale *(Anguilla rostrata)*, die aus den Flüssen zwischen Kanada und Brasilien in die Sargassosee kommen. Wie genau die Aale sich befruchten und laichen, ist unbekannt, vermutlich passiert alles in zweitausend Metern Tiefe. Aus den Aaleiern schlüpfen Larven, die als winzige sogenannte Weidenblattlarven durch den Atlantik schwimmen, gut hundert Kilometer vor der europäischen Küste ihre Form verändern und als wenige Zentimeter langer, durchsichtiger Glasaal kaum als Aal erkennbar sind. Woher die Weidenblattlarven wissen, wann sie ihre Form verändern, ist nicht bekannt. Auch konnte bislang niemand herausfinden, wovon sich die Weidenblattlarven auf ihrer dreijährigen Reise von der Sargassosee bis nach Europa ernähren. Und warum nehmen die millimetergroßen Tiere überhaupt diese lange Wanderung auf sich? Woher wussten die Vorfahren der heutigen Aale einst vor Millionen Jahren, dass Kontinente dort aus dem Urmeer Thetis entstanden sind und große Wasser wie Rhein und Elbe dort flossen? Vermutlich ist schon die Frage falsch gestellt, und für die Aale war bei ihrer Entwicklung vor hundert Millionen Jahren alles Wasser eins.

Im Baskenland sind Glasaale eine Delikatesse, weshalb Fischer sie in der Biskaya tonnenweise fischen. Auch kriminelle Fischer schöpfen die Glasaale in den Mündungsgebieten der europäischen

Flüsse ab, transportieren sie in verschweißten Plastiktüten im Koffer per Flugzeug nach Japan, China, Thailand und verkaufen sie dort. Hunderttausend Euro soll eine Kofferladung bringen. Europol hat den Glasaalschmuggel im Visier und zwischen Oktober 2019 und April 2020 in neunzehn europäischen Ländern mehr als zwei Tonnen Glasaale im Wert von rund fünf Millionen Euro beschlagnahmt. Hundert Schmuggler wurden festgenommen. Die Glasaale wurden in europäischen Flüssen ausgesetzt. Doch auch der legale Fang von Glasaalen hat verheerende Folgen für den Aalbestand. Die Glasaale werden in Fischzuchtanstalten gemästet und dann ausgesetzt. Vierzig Prozent überleben den Fang und Transport zur Mastanstalt nicht. Freizeit- und Berufsfischer in Deutschland haben 2021 eine halbe Million solcher »vorgestreckter Aale« ausgesetzt. Zur Arterhaltung oder einem wachsenden Aalbestand tragen diese industriell gemästeten Aale nicht bei, sie sichern lediglich den Ertrag der Berufsfischer. Diese fangen 485 Tonnen Aal im Jahr, womit Deutschland die höchsten Fangmengen in der EU hat. Der Internationale Rat für Meeresforschung (ICES) hat im November 2022 empfohlen, gar keinen Aal mehr zu fangen. Die Wissenschaftler fordern, dass der Besatz mit Jungtieren eingestellt wird, da das Abfischen der Glasaale und das Mästen die Sterblichkeitsrate erhöhen.

Rocco Buchta, ich und alle anderen Menschen unserer Generation sind die Letzten, die noch natürlich wandernde Aale in den Gräben, Weihern, Flüssen erlebt haben. Die gesehen haben, wie Aale in den Reusen zappelten, wenn sie aus dem Wasser gezogen wurden. Die »Aale groß wie Wale« aus dem Rauch holten und auf Roggenbrot verspeisten. Um achtundneunzig Prozent hat der Aalbestand seit den 1970er-Jahren abgenommen. Wissenschaftler gehen davon aus, dass Aale in den kommenden zwanzig, dreißig Jahren aussterben. Ein Wunder der Evolution, ein Mysterium der Natur ist dann verschwunden. Aal war normal, als ich Kind war, zumindest in meiner norddeutschen Heimat. Manchmal habe ich in den vergangenen Jahren mein schlechtes Gewissen überwunden und ein Stück Räucheraal gekauft, wenn ich einen Aal bei einem Fischhändler in der Auslage sah. Vielleicht zehn Zentimeter lang, eher weniger, nur um den Geschmack noch mal zu kosten.

Weltnaturerbe zwischen Wiesen und Fluss

Die Bedeutung der Havel für die Tiere und Pflanzen geht weit über den Fluss hinaus. Die Flussnatur endet nicht am Ufer. Die Havel und die angrenzenden Luchlandschaften bilden an der Grenze der beiden Bundesländer Brandenburg und Sachsen-Anhalt das »größte zusammenhängende Feuchtgebiet im Binnenland des westlichen Mitteleuropas«, wie ich auf einer Infotafel im Naturpark lese. Ein Luch ist eine moorige Niederung, ein schwer zu durchdringendes Feuchtgebiet aus matschigen Wiesen, Mooren und Flussauen. Havel, Wald und Wiesen bilden hier eine naturnahe Flusslandschaft, in der Tausende Zugvögel auf ihrer langen Wanderung zwischen den Brutgebieten und den Winterregionen rasten. Kiebitzregenpfeifer, Alpenstrandläufer, Grünschenkel und Austernfischer ziehen durch, Kraniche trompeten auf ihrem Durchzug, Blässgänse, Grau- und Saatgänse schwärmen im September ein auf ihrer weiten Reise zwischen Sommer- und Winterquartieren. Mittendrin in der einzigartigen Flusslandschaft liegt der Gülper See, eine Art Rohdiamant in der Brandenburgischen Wiesenlandschaft. Die DDR stellte den Gülper See 1967 unter Naturschutz, seit 1978 ist er Welterbestätte und laut der Ramsar-Konvention zum Schutz von Feuchtlebensräumen als Feuchtgebiet von internationaler Bedeutung anerkannt. Sechshundertsechzig Hektar groß, liegt der Gülper See in den Wiesen und bietet

Vogelfreundinnen und Ornithologen ein ganzjähriges Beobachtungsparadies. Uferschnepfen und Rotschenkel, Bekassinen, Flussregenpfeifer und Kampfläufer brüten im Frühjahr rund um den See. Bartmeisen, Braunkehlchen, Beutelmeisen finden hier einen Brutplatz. Eine Schafstelze flitzt wie ein gelber Blitz vorbei, als ich Anfang Mai auf dem Weg entlang des Sees gehe und schon seit einer Stunde fasziniert sechs Seeadler beobachte. Fünf von ihnen hocken auf Bäumen am Saum eines Wäldchens am östlichen Ufer, ruhen und genießen die Aussicht. Ein Seeadler sitzt auf der davor gelagerten Landzunge auf einer abgestorbenen Kiefer, beobachtet von dort den See und startet immer mal wieder zu Jagdausflügen über dem Wasser. Mit kräftigen Flügelschlägen fliegt er gegen den Westwind, treibt auf, sackt ab, wenn er nachlässt, und scannt die Wasseroberfläche beim Flug. Dann und wann stürzt er herunter, dreht jedoch jedes Mal schon vor Erreichen der Seeoberfläche ab und rudert mit großen Schwingen wieder in die Luft. War nix mit Fisch.

Zurück an der Havel. Aus dem Schilf zirpt es metallisch. Keine Grille im Mai, sondern ein Rohrschwirl, einer der vielen kleinen braunen Vögel, die mir das Leben als Naturfreundin und Beobachterin von Vögeln schwer machen, da sie auf den schnellen Blick alle gleich unscheinbar aussehen. Kleine braune Vögel, die im schattenreichen und damit kontrastlosen Unterholz wie die bunten Wintergoldhähnchen an der Loisach oder wie hier an der Havel zwischen Schilfstängeln konturlos untergehen. Aber sie singen und rufen einzigartig. Wie der Teichrohrsänger, der aus dem Schilfgürtel an einem der ruhigen Altarme pfeift. Sie, die Drosselrohrsänger und die anderen ans Flussufer angepassten Arten brauchen das Röhricht. Dicht stehende, starke Schilfgrashalme, in denen sie ihr Nest bauen, ungestört brüten und ausreichend Insekten für die Aufzucht ihrer Küken finden können. Der Bestand all dieser Singvogelarten sinkt, weil Flüsse und Seen verlanden, die Ufer mit Steinen abgedeckt sind, die Insekten keinen ruhigen Platz im Wasser haben und die Landwirtschaft die Gewässer mit Pestiziden und losem Ackerboden verschmutzt. An der Unteren Havel haben die Naturfreunde, Wasserbauingenieurinnen, Biologen und Gewässerökologinnen rund um Rocco Buchta es geschafft und befreien die Ufer. Den Grad der wiederbelebten Natur an der Unteren Havel rufen die Kuckucke von den Wipfeln. Einige von ihnen sind auf Drosselrohrsänger spezialisiert. Kuckucke beobachten ihre Wirtsvögel und wissen, wie die Eier von Teichrohrsängern, Drosselrohrsängern oder Grasmücken, Fitis oder Rotkehlchen aussehen. Die Kuckuckweibchen passen Farbe und Musterung ihrer Eier an die der Eier im Wirtsvogelnest an und legen ihre entsprechend gefärbten Eier den Vögeln ins Nest. Die Vielfalt der kleinen braunen Vögel im Schilf erhält die Vielfalt der Kuckucke. Und die renaturierte Havel zeigt mit der Kraft eines stetigen Stroms, was ein natürlicher Fluss im Flachland kann: ein Ökosystem schaffen, in dem Menschen ein Tier unter vielen sind.

Wir sind Fluss

Ohne Fluss läuft nichts. Das war früher so, und daran hat sich nichts geändert. Deswegen ist es an der Zeit, unser Verhältnis zu den Flüssen neu zu bestimmen. Wir müssen umdenken, wie in so vielen Bereichen des uns lieb gewordenen Lebens im Wohlstand, um weiter wohlig zu leben. Kollektiv müssen wir uns daher von der Vorstellung verabschieden, die Natur zu kontrollieren und so die Verhältnisse zu verbessern. Denn nicht die Beherrschung von Flüssen, Wäldern, Mooren und anderen Orten des wilden Lebens steigert unser gesellschaftliches Wohlergehen. Nur das konstruktive und harmonische Miteinander von Mensch und Natur, die

Versöhnung von kapitalistischem Gesellschaftssystem und natürlichem Ökosystem führen in den Fortschritt.

Beherrschung und Kontrolle von Naturkräften sind gedankliche Konzepte des neunzehnten und des zwanzigsten Jahrhunderts. Sie entstammen dem Geiste des Militarismus in Kaiserreich und den folgenden Diktaturen, die gedanklich in beiden deutschen Staaten nach 1945 in Wald und an den Ufern weitergelebt haben. Der Großteil der Flüsse und Bäche in Westdeutschland wurde zwischen 1950 und 1980 begradigt, die Ufer und die Sohlen betoniert oder gleich der ganze Bach in Kanalrohren in den Untergrund verlegt. Beherrschungsfantasien des Fließenden und antidemokratische Konzepte passen nicht in eine fluide Gedankenwelt des einundzwanzigsten Jahrhunderts. Wie die fließenden Pflanzen in einem Fluss müssen wir uns an die Veränderungen der Umwelt anpassen. Unser Denken und Handeln sollten auf Ausgleich und Versöhnung gerichtet sein, um mit dem Neuen umzugehen. Die Harmonie liegt in der Veränderung. Nun ist es an der Zeit, auch die Natur, die Tiere, Pflanzen und ihre Lebensräume, in die Überlegungen des Miteinanders in einer differenzierten Gesellschaft einzubeziehen. Der Beherrschungsanspruch gegenüber der Natur ist gefährlich, wie Überschwemmungen ebenso zeigen wie die sterbenden Fichtenforste. Sie galten im zwanzigsten Jahrhundert als Wald und offenbaren nichts anderes als die Kontrollwut der Forstwirte in den verschiedenen deutschen Staatsformen der vergangenen zweihundert Jahre. Nur mit einer sich frei entfaltenden Natur, mit starken Ökosystemen in Wäldern, Wiesen, Mooren, Flüssen, kann es uns gelingen, unsere Zivilisation an den Klimawandel anzupassen.

Wir müssen umdenken – und das können wir auch. Zu Beginn des Umdenkens geht es einfach darum, festzustellen, dass sich unser Leben in den vergangenen zweihundert Jahren verändert hat und wir gar nicht mehr jedes Wehr und jedes Betonbett im Fluss benötigen. Im einundzwanzigsten Jahrhundert brauchen wir die Flüsse nicht, um neue Handelswege zu erschließen. Dafür haben wir digitale Datenbahnen. Wir können Wasserkraftwerke an kleinen und mittleren Flüssen abbauen, denn mit leistungsstarken Windenergieanlagen und einem vogelverträglichen Management gewinnen wir mehr Strom bei weniger Naturzerstörung. Wir brauchen auch die meisten Wasserstraßen nicht mehr als Transportwege für schraubenangetriebene Motorschiffe. Die technische Innovationskraft kann im einundzwanzigsten Jahrhundert nicht vor Binnenschiffen enden, und ich bin sicher, dass schlaue Ingenieurinnen und Ingenieure moderne Schiffe mit naturverträglicher Technik und umweltfreundlichem Antrieb entwickeln können, die dann die veralteten Motorschiffe ersetzen und auf den wenigen Flüssen fahren, die wir weiterhin für den Warenverkehr und als Transportstrecke benötigen.

Und auch wir alle, jede und jeder von uns, können heute beginnen, das Leben in den Flüssen zu erhalten: Kein Duschgel oder Peeling mehr mit Mikroplastik benutzen. Die Wäsche ohne Weichspüler waschen. Am wilden Flussufer keine Steine zu Dämmen schichten und auch keine Stein-Graffiti türmen. Das ist weder cool noch naturverträglich, sondern zerstört die Lebensräume der kleinen und kleinsten Flussbewohner. Wir müssen ja auch nicht in jedem Wildfluss baden, denn Sonnencreme, Rasierschaumreste, Shampoo, Deo und Gesichtscreme auf unserer Haut belasten das Ökosystem Fluss und töten kleine Lebewesen im Grund. Flüsse und die Ökosysteme zu schützen, heißt auch, nicht mit dem Kajak oder beim Stand-up-Paddling auf Kiesbänken, Inseln, Ufern zu landen, nur weil wir es können. Im Frühjahr und Frühsommer stören wir dort brütende Vögel oder zerstören unachtsam die Brutgelege von Ringelnattern, Eidechsen, Insekten. Wir müssen achtsam sein. Behutsam und uns auch mal zurücknehmen, wenn wir erhalten wollen, was wir so schätzen in der Natur. Im gesellschaftlichen Umgang lernen wir alle seit ein paar Jahren, mit unserer Sprache sensibel zu sein und Menschen unterschiedlicher Herkünfte, Hautfarben oder Geschlechteridentitäten zu achten. Die Sprache in der Natur heißt Rücksicht im Handeln. Nicht Worte, sondern Taten zählen in Wald und Fluss. Und das bedeutet: im Bewusstsein für die anderen, für dic Tiere, Pflanzen, Pilze und anderen natürlichen Lebensformen so wenig wie möglich zu *machen* und nur zu gucken. Nichts anfassen, nichts abbrechen, nichts befahren. Mit der Natur zu leben heißt im einundzwanzigsten Jahrhundert, die Rechte der anderen Lebewesen anzuerkennen. Im Austausch zu sein, nicht nur zu schützen und einen Zaun um ein Biotop zu ziehen. Die Biodiversitätskrise anzuerkennen und unser Handeln danach auszurichten bedeutet, die Natur nicht länger zu zwingen, sondern die Zusammenhänge zu erkennen. In gewissem Sinne geht es um das, was viele von uns sowieso den ganzen Tag machen: kommunizieren. Damit meine ich nicht, auf die romantische Stimme der Natur zu warten, sondern sich in eine echte Resonanzbeziehung zu begeben und zu sehen, hören, riechen, fühlen, was Tiere und Pflanzen im Leben und auch in den schwindenden Ökosystemen vermitteln. Es geht darum, Verantwortung zu übernehmen für uns und für das gemeinsame Haus Erde.

Wir sind Fluss. Und deswegen geht es auch darum, das Fließen und den ewigen Wandel anzuerkennen, das Fluide des Flusses zu respektieren und in der Vielfalt und Veränderung gut zu leben. Manche fühlen wie ein ruhiger Strom, andere wie ein zu Tal stürzender Gebirgsfluss. Und alle Flüsse münden im Meer.

Danke

Mein Leben lang war ich von Flüssen begeistert und hatte daher ein Riesenglück, als Cindy Witt vom Lübbe-Verlag mich fragte, ob ich nicht ein Buch über Flüsse schreiben möge. Ich bin ihr sehr dankbar, dass sie mich in das kalte Wasser schubste. Hätte ich gewusst, welche Materialberge ich in den kommenden Monaten wälzen würde, wäre ich vielleicht lieber paddeln gegangen. Von Woche zu Woche stiegen die Sedimentablagerungen der Recherchen zu beiden Seiten meines Schreibtisches. Allen meinen Gesprächspartnerinnen und Interviewpartnern bin ich sehr dankbar, dass sie meine Fragen beantwortet haben und ihr Wissen über das Leben in und an Flüssen mit mir geteilt haben. Ein besonderer Dank geht an Sigrun Lange vom WWF-Alpenflussbüro in Weilheim für den steten Fluss an Informationen. Ebenfalls danke ich Friedbert Knolle vom Nationalpark Harz, der eine Quelle unermüdlich sprudelnder Geschichten über die Politik und Natur im Harz ist. Und ich danke Rocco Buchta vom Nabu für seinen Einsatz für die Untere Havel und den ruhigen Strom der Erkenntnisse über die Renaturierung, die er mit mir geteilt hat. Von Herzen danke ich Karin Hirl für ungezählte gemeinsame Erkundungen an der Isar und die Entdeckung der Loisachquellen. Und sehr herzlich danke ich der Redakteurin Angela Kuepper, die wieder einmal mit Gespür für Sprache und die Natur der Geschichten den Texten den letzten Feinschliff gab. Sehr herzlich danke ich Silke Buttgereit, die mit mir im selben Boot Havel, Oder und viele andere Flüsse erkundet hat.

Quellenverzeichnis

Motto

Paco de Lucía: »Sólo quiero caminar«. Song aus dem gleichnamigen Album. Phonogramm 1981

Kapitel 1

Francis J. Burdon et al.: Assessing the Benefits of Forested Riparian Zones: A Qualitative Index of Riparian Integrity Is Positively Associated with Ecological Status in European Streams. Water 2020, 12, 1178

Christian Komposch in: Susanna Muhar, Andreas Muhar, Gregory Egger, Dominik Siegrist: Flüsse der Alpen – Vielfalt in Natur und Kultur. Haupt Verlag, Bern 2019, S. 165, S. 163

Tibor Erős, Pär Gustafsson, Larry A. Greenberg, Eva Bergman: Forest-Stream Linkages: Effects of Terrestrial Invertebrate Input and Light on Diet and Growth of Brown Trout *(Salmo trutta)* in a Boreal Forest Stream. PLOS One May 4, 2012

Marlene A. Wagner, John D. Reynolds: Salmon increase forest bird abundance and diversity. PLOS One February 6, 2019

Sigrun Lange, Stefan Ossyssek: Lasst den Flüssen ihren Lauf. Ein Hintergrundbericht zum Zustand der Fließgewässer in Bayern. WWF Deutschland, Berlin 2020

Umweltbundesamt, Leistungen und Nutzen renaturierter Flüsse; https://www.umweltbundesamt.de/leistungen-nutzen-renaturierter-fluesse#renaturierung. Abgerufen am 10.12.2021

Thomas Deutschländer, Klimaexperte des Deutschen Wetterdienstes, im März 2021 auf einer virtuellen Klimapressekonferenz. Siehe dazu auch: Hydro-klimatologische Einordnung der Stark- und Dauerniederschläge in Teilen Deutschlands im Zusammenhang mit dem Tiefdruckgebiet »Bernd« vom 12. bis 19. Juli 2021. Deutscher Wetterdienst 21.07.2021

Kapitel 2

Aus einem persönlichen Gespräch mit Jan Okusluk am 13. April 2021 in München

Aus einem persönlichen Gespräch mit Jürgen Geist am 12. April 2021 in Freising

Mitglieder-Information, Bundesverband der Deutschen Wasserkraftwerke, Februar 2021

Norbert Schäffer auf der Online-Pressekonferenz am 29. März 2021

Aus einem persönlichen Gespräch mit Karl Probst am 14. April 2021 an der Rißbachmündung

Aus einem persönlichen Gespräch mit Theodorus Reumschlüssel am 21. März 2021 am Kraftwerk Walchensee

Isabell Juszczyk, Gregory Egger, Norbert Müller, Michael Reich: Auswirkungen der Ausleitung der Oberen Isar auf die Auenvegetation. Auenmagazin 17, 2020, S. 28

Wolfgang Engelhardt: Was lebt in Tümpel, Bach und Weiher? Kosmos Naturführer Pflanzen und Tiere unserer Gewässer. Vollständig überarbeitet und aktualisiert von Dr. Peter Martin und Dr. Klaus Rehfeld. Franck-Kosmos Verlags GmbH & Co.KG, Stuttgart 2020, S. 172

Kapitel 3

Volker Zahner, Markus Schmidbauer, Gerhard Schwab, Christof Angst: Der Biber – Baumeister mit Biss. Südost Verlag, Regenstauf 2020, S. 42, S. 32

David Thompson: Im wilden Norden Amerikas: 1784–1812. Hrsg. von Frank Auerbach. Edition Erdmann, Stuttgart 2005

Dr. Dietland Muller-Schwarze – The Beaver: Its Life & Impact, Vortrag 14.09.2015; https://www.youtube.com/watch?v=Taj5ipfLRrs. Abgerufen am 10.12.2021

Thomas Gable: Wolf Predation: Where and How Wolves Kill Beavers, and Confronting the Biases in Scat-Based Diet Studies, Thesis for Master of Science, University of Minnesota Twin Cities, 2016

Kapitel 4

Aus einem persönlichen Gespräch mit Markus Brandtner am 23. November 2020 in Windach

Sigrun Lange, Stefan Ossyssek: Lasst den Flüssen ihren Lauf. Ein Hintergrundbericht zum Zustand der Fließgewässer in Bayern. WWF Deutschland, Berlin 2020

Ebda., S. 60

Aus einem Telefongespräch mit Hans-Peter Lang am 16. Dezember 2020

In einem persönlichen Gespräch Markus Brandtner am 23. November 2020 in Windach

Aus einem Telefongespräch mit Hans-Peter Lang am 16. Dezember 2020

Aus einem Telefongespräch mit Dr. Josef Rampl am 15. Dezember 2020

Aus einem Telefongespräch mit der Koordinationsstelle Muschelschutz der TU München im Dezember 2020

Kapitel 5

o.V., »Wir sind viel älter als gedacht«, in: MDR Wissen vom 15.05.2019; https://www.mdr.de/wissen/menschheit-aelter-100.html. Abgerufen am 10.12.2021

restorative benefits of nature: Toward an integrative framework. Journal of Environmental Psychology, 15(3): 169–182, 1995

WWF: Bestand des Dorsches in der westlichen Ostsee kollabiert, https://www.wwf.de/2021/august/die-dorsch-apokalypse, Stand 17.08.2021

Berit Michler: Koproskopische Untersuchungen zum Nahrungsspektrum des Waschbären *Procyon lotor* (Linné, 1758) im Müritz-Nationalpark (Mecklenburg-Vorpommern) unter spezieller Berücksichtigung des Artenschutzes und des Endoparasitenbefalls. – Wildtierforschung in Mecklenburg-Vorpommern, Band 5, 168 S. 2020

Kapitel 6

Stefan Bosch, Peter W. W. Lurz: Die Wasseramsel. Neue Brehm Bücherei Bd. 489. Verlags KG Wolf, Magdeburg 2019

Heinrich Heine: »Die Harzreise«, Sämtliche Werke (10 Bände). Leipzig 1910–1915

Aus einem persönlichen Gespräch mit Friedbert Knolle am 19. Mai 2021 im Nationalpark Harz

Telefongespräch mit Dr. Uwe Wegener am 21. Mai 2021

Aus einem persönlichen Gespräch mit Friedbert Knolle am 19. Mai 2021 im Nationalpark Harz

Kapitel 8

Aus einem persönlichen Gespräch mit Kevin Hood am 4. Oktober 2013, Wildniskonferenz Wild in Salamanca (Spanien)

Grundgesetz für die Bundesrepublik Deutschland, Art. 20a; https://www.gesetze-im-internet.de/gg/art_20a.html. Abgerufen am 10.12.2021

Originaltext des *Wilderness Act: »A wilderness, in contrast with those areas where man and his own works dominate the landscape, is hereby recognized as an area where the earth and its community of life are untrammeled by man, where man himself is a visitor who does not remain.«* The Wilderness Act. Public Law 88-577; 16 USC 1131-1136, 3. September 1964

Kapitel 9

Erika Schneider, Marion Werling, Barbara Stammel et al.: Biodiversität der Flussauen Deutschlands. Bundesamt für Naturschutz, Bonn-Bad Godesberg, 2017, S. 63

Koalitionsvertrag von SPD, Bündnis 90/Die Grünen und FDP, November 2021

Aus einem Telefongespräch mit der zuständigen Fischotter-Expertin im Otter-Zentrum in Hankensbüttel im November 2021

Kapitel 10

Aus einem persönlichen Gespräch am 11. September 2021

Literaturverzeichnis

Urs Bitterli: Die Wilden und die Zivilisierten. Die europäisch-überseeische Begegnung. dtv, München 1982

Daniel Defoe. Robinson Crusoe. dtv, München 2020 (Illustrationen der Amsterdamer Ausgabe von 1726/1727)

Fließgewässer im Wald. Beiträge und Untersuchungsergebnisse zu ökologischen Funktionen, zur Gewässerstruktur und Gewässerfauna von Waldbächen. Forstliche Versuchs- und Forschungsanstalt Baden-Württemberg, 2004

Kenneth Grahame: Der Wind in den Weiden. Verlag Kein & Aber, Zürich 2004

Paul Greenberg: Vier Fische, Berlin Verlag, Berlin 2010

Jay Griffiths: Why Rebel. Penguin Random House, UK 2021

Hans D. Knapp, Siegfried Klaus, Lutz Fähser (Hrsg.): Der Holzweg. Wald im Widerstreit der Interessen. Oekom Verlag, München 2021

Sigrun Lange, Stefan Ossyssek: Lasst den Flüssen ihren Lauf. Ein Hintergrundbericht zum Zustand der Fließgewässer in Bayern. WWF Deutschland, Berlin 2020

Susanna Muhar, Andreas Muhar, Gregory Egger, Dominik Siegrist: Flüsse der Alpen – Vielfalt in Natur und Kultur. Haupt Verlag, Bern 2019

Jürgen Reich: Naturschatz Peene. Hinstorff Verlag, Rostock 2020

Erika Schneider, Marion Werling, Barbara Stammel et al.: Biodiversität der Flussauen Deutschlands. Bundesamt für Naturschutz, Bonn-Bad Godesberg 2017

Umweltbundesamt: Gewässer in Deutschland: Zustand und Bewertung. Dessau-Roßlau 2017

David Thompson: Im wilden Norden Amerikas: 1784–1812/Hrsg. von Frank Auerbach, Edition Erdmann, Stuttgart 2005

Mark Twain: Die Abenteuer des Huckleberry Finn. Artemis & Winkler Verlag, Düsseldorf 2003

Wilde Isar, Naturschätze zwischen Hochgebirge, Stadt und Auenlandschaft, hg. Gesellschaft für Naturfotografie Regionalgruppe 15, Knesebeck, München 2021

Tiere und Pflanzen

Heiko Bellmann: Der neue Kosmos Insektenführer, Franckh-Kosmos, Stuttgart 2009

Stefan Bosch, Peter W. W. Lurz: Die Wasseramsel. Neue Brehm Bücherei Bd. 489, Verlags KG Wolf, Magdeburg 2019

Stephen Dalton: Spinnen, die erfolgreichen Jäger. Haupt Verlag, Bern 2009

Wolfgang Engelhardt: Was lebt in Tümpel, Bach und Weiher? Kosmos Naturführer Pflanzen und Tiere unserer Gewässer. Vollständig überarbeitet und aktualisiert von Dr. Peter Martin und Dr. Klaus Rehfeld. Franck-Kosmos Verlags GmbH & Co. KG, Stuttgart 2020

Dieter Glandt: Die Amphibien und Reptilien Europas. Alle Arten im Porträt. Quelle & Meyer Verlag, Wiebelsheim 2010, 2015

Joscha Grolms: Tierspuren Europas. Spuren und Zeichen bestimmen und interpretieren. Eugen Ulmer Verlag, Stuttgart 2021

Axel Gutjahr: Die Süßwasserfische Mitteleuropas, Merkmale, Verbreitung und Lebensweise der häufigsten Arten. Quelle & Meyer Verlag, Wiebelsheim 2021

Bert Hölldobler, Edward O. Wilson: Auf den Spuren der Ameisen. Die Entdeckung einer faszinierenden Welt. Springer Spektrum, Heidelberg 2013

Regina Sommer: Bäume. Das Haarkleid der Erde. Biber Verlag, Extertal 2010

Lars Svensson, Killian Mullarney, Dan Zetterström: Der Kosmos Vogelführer. Franckh-Kosmos Verlag, Stuttgart 2011

Irene Weinberger, Hansjakob Baumgartner: Der Fischotter, ein heimlicher Jäger kehrt zurück. Haupt Verlag, Bern 2018

Volker Zahner, Markus Schmidbauer, Gerhard Schwab, Christof Angst: Der Biber – Baumeister mit Biss. Südost Verlag, Regenstauf 2020

Wissenschaftliche Studien

Francis J. Burdon et al.: Assessing the Benefits of Forested Riparian Zones: A Qualitative Index of Riparian Integrity Is Positively Associated with Ecological Status in European Streams. Water 2020, 12, 1178

Tibor Erős, Pär Gustafsson, Larry A. Greenberg, Eva Bergman: Forest-Stream Linkages: Effects of Terrestrial Invertebrate Input and Light on Diet and Growth of Brown Trout *(Salmo trutta)* in a Boreal Forest Stream. PLOS One May 4, 2012

Thomas Gable: Wolf Predation: Where and How Wolves Kill Beavers, and Confronting the Biases in Scat-Based Diet Studies, Thesis for Master of Science, University of Minnesota Twin Cities, 2016

Thomas Gable, Steve Windels, Mark Romanski, Frank Rosell: The forgotten prey of an iconic predator: a review of interactions between grey wolves *Canis lupus* and beavers *Castor* spp. Mammal Review 48, 2018

Berit Michler: Koproskopische Untersuchungen zum Nahrungsspektrum des Waschbären *Procyon lotor* (Linné, 1758) im Müritz-Nationalpark (Mecklenburg-Vorpommern) unter spezieller Berücksichtigung des Artenschutzes und des Endoparasitenbefalls. – Wildtierforschung in Mecklenburg-Vorpommern, Band 5, 2020

Judith Reise, Cristina Urrutia, Dr. Hannes Böttcher, Dr. Klaus Hennenberg: Literaturstudie zum Thema Wasserhaushalt und Waldbau. Studie für den Naturschutzbund Deutschland. Öko-Institut e.V., Berlin 2020

Frank Rosell: The function of scent marking in beaver (*Castor fiber*) territorial defence. Dr. scient. Thesis, Department of Zoology, Norwegian University of Science and Technology (NTNU), Trondheim 2001

Siehe dazu auch: The Norwegian Beaver Project. Frank Rosell, Andreas Zedrosser, Hanna Kavli Lodberg-Holm; https://www.researchgate.net/project/The-Norwegian-Beaver-Project. Abgerufen am 10.12.2021

Marlene A. Wagner, John D. Reynolds: Salmon increase forest bird abundance and diversity. PLOS One February 6, 2019

Der Natur auf der Spur

Stefanie Argow / Ulrike Fokken
SPUREN LESEN
Geschichten, die uns die Fährten der Tiere erzählen

308 Seiten
mit Abbildungen
ISBN 978-3-86995-101-0

Ein abgenagter Fichtenzapfen, den ein Eichhörnchen fallen lassen hat, angeknabberte Haselnüsse in einem Wurzelloch oder aber Rehe, Hirsche und Dachse, die mit ihren Hufen Geschichten in den Boden schreiben: Beim Spurenlesen erwacht die Natur zum Leben und wir erkunden damit spannende Geschichten der Wildnis.
Das Buch macht Lust selbst rauszugehen, sich auf den Boden zu knien, an Ufern und Äckern Spuren und somit das wilde Leben zu entdecken.